Multiplication
and **Division**
Practice Workbook

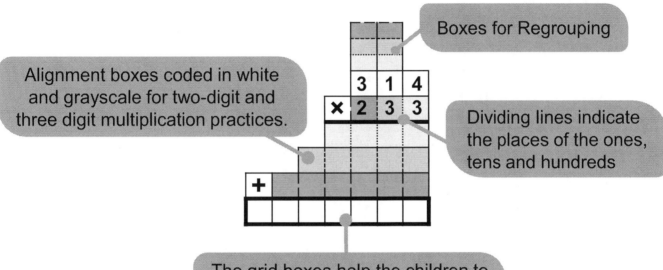

Boxes for Regrouping

Alignment boxes coded in white and grayscale for two-digit and three digit multiplication practices.

Dividing lines indicate the places of the ones, tens and hundreds

The grid boxes help the children to arrange the numbers in the correct columns to get the right answers.

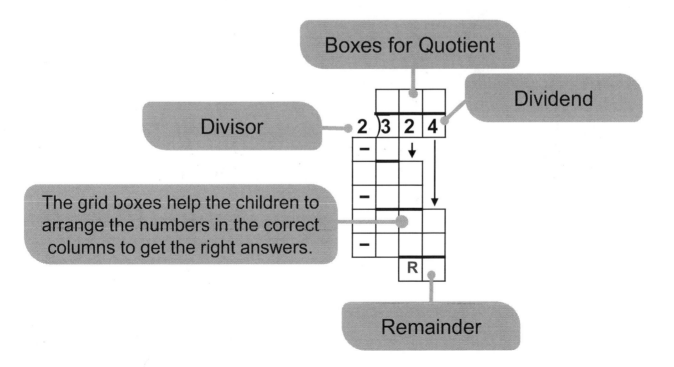

Boxes for Quotient

Divisor

Dividend

The grid boxes help the children to arrange the numbers in the correct columns to get the right answers.

Remainder

Table of Contents:

Multiplication:

■Steps for Multiplication..3
▶ 2 Digits × 2 Digits...........................(20 Pages)................4-23
▶ 2 Digits × 3 Digits...........................(20 Pages)................24-43
▶ 3 Digits × 3 Digits...........................(10 Pages)................44-53

Long Division:

■Steps for Long Division 54
▶ Tow Digits Divided by One Digit.........(10 Pages)..........55-64
▶ Three Digits Divided by One Digit.....(10 Pages).........65-74
▶ Four Digits Divided by One Digit.......(10 Pages).........75-84
▶ Three Digits Divided by Tow Digit......(10 Pages)........85-94
▶ Four Digits Divided by Tow Digit............(10 Pages)........95-104

{Answer Key in Back}

Steps for Multiplication

Step 1: Multiply Ones by Ones (Regroup if needed): $8 \times 4 = 32$

Step 2: Multiply Ones by Tens (Add Regroup if needed): $(8 \times 7) + 3 = 59$

Step 3: Put Your Placeholder Zero.

Step 4: Multiply Tens by Ones (Regroup if needed): $4 \times 4 = 16$

Step 5: Multiply Tens by Tens. (Add Regroup if needed): $(4 \times 7) + 1 = 29$

Step 6: Find Sum.

$$592$$
$$+ \ 2960$$
$$= 3552$$

Step 1:
```
      3
      7  4
   ×  4  8
            2
+
```

Step 2:
```
      3
      7  4
   ×  4  8
      5  9  2
+
```

Step 3:
```
      3
      7  4
   ×  4  8
      5  9  2
+           0
```

Step 4:
```
      1
      3
      7  4
   ×  4  8
      5  9  2
+        6  0
```

Step 5:
```
      1
      3
      7  4
   ×  4  8
      5  9  2
+  2  9  6  0
```

Step 6:
```
      1
      3
      7  4
   ×  4  8
      5  9  2
+  2  9  6  0
   3  5  5  2
```

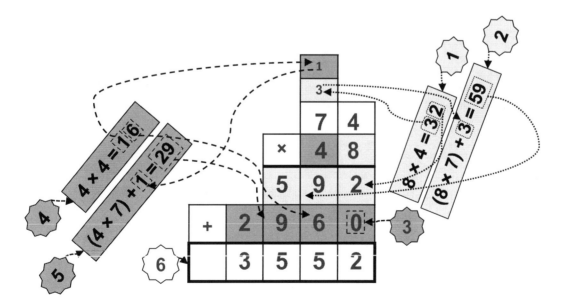

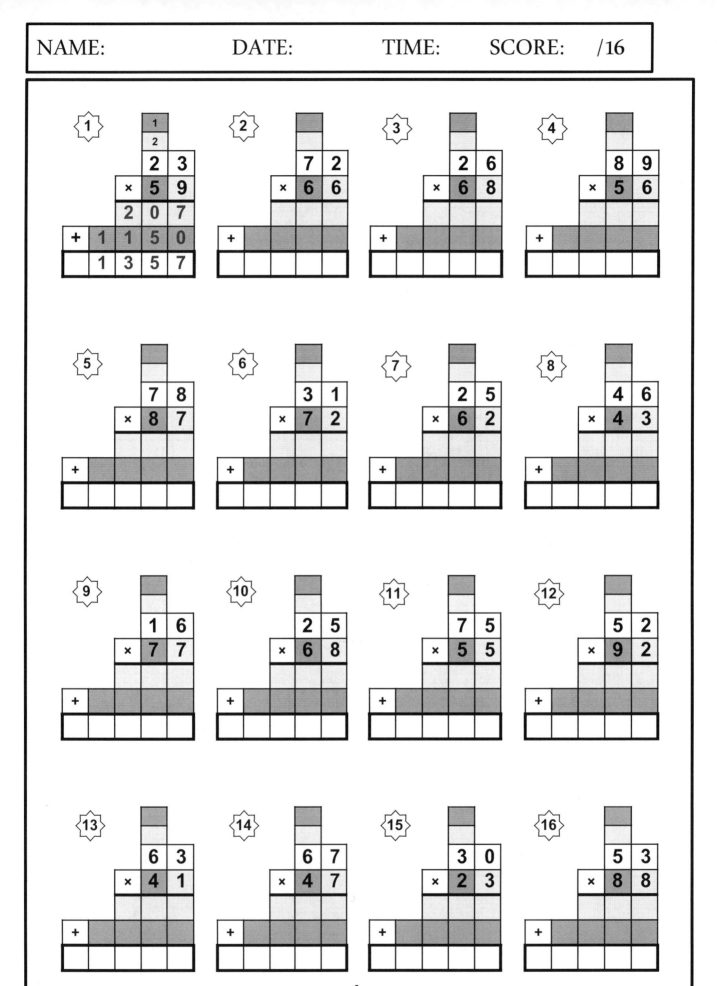

1

```
        2 3
   ×    5 9
      2 0 7
 +  1 1 5 0
    1 3 5 7
```

2

```
        7 2
   ×    6 6
 +
```

3

```
        2 6
   ×    6 8
 +
```

4

```
        8 9
   ×    5 6
 +
```

5

```
        7 8
   ×    8 7
 +
```

6

```
        3 1
   ×    7 2
 +
```

7

```
        2 5
   ×    6 2
 +
```

8

```
        4 6
   ×    4 3
 +
```

9

```
        1 6
   ×    7 7
 +
```

10

```
        2 5
   ×    6 8
 +
```

11

```
        7 5
   ×    5 5
 +
```

12

```
        5 2
   ×    9 2
 +
```

13

```
        6 3
   ×    4 1
 +
```

14

```
        6 7
   ×    4 7
 +
```

15

```
        3 0
   ×    2 3
 +
```

16

```
        5 3
   ×    8 8
 +
```

1

$$\begin{array}{r} 2\ 8 \\ \times\ 9\ 8 \\ \hline \end{array}$$

$$+$$

2

$$\begin{array}{r} 2\ 5 \\ \times\ 4\ 1 \\ \hline \end{array}$$

$$+$$

3

$$\begin{array}{r} 2\ 8 \\ \times\ 2\ 6 \\ \hline \end{array}$$

$$+$$

4

$$\begin{array}{r} 8\ 5 \\ \times\ 2\ 3 \\ \hline \end{array}$$

$$+$$

5

$$\begin{array}{r} 5\ 4 \\ \times\ 3\ 1 \\ \hline \end{array}$$

$$+$$

6

$$\begin{array}{r} 2\ 5 \\ \times\ 5\ 5 \\ \hline \end{array}$$

$$+$$

7

$$\begin{array}{r} 3\ 7 \\ \times\ 8\ 0 \\ \hline \end{array}$$

$$+$$

8

$$\begin{array}{r} 6\ 8 \\ \times\ 4\ 6 \\ \hline \end{array}$$

$$+$$

9

$$\begin{array}{r} 7\ 9 \\ \times\ 8\ 6 \\ \hline \end{array}$$

$$+$$

10

$$\begin{array}{r} 1\ 8 \\ \times\ 9\ 1 \\ \hline \end{array}$$

$$+$$

11

$$\begin{array}{r} 7\ 2 \\ \times\ 7\ 8 \\ \hline \end{array}$$

$$+$$

12

$$\begin{array}{r} 8\ 0 \\ \times\ 8\ 7 \\ \hline \end{array}$$

$$+$$

13

$$\begin{array}{r} 1\ 2 \\ \times\ 9\ 1 \\ \hline \end{array}$$

$$+$$

14

$$\begin{array}{r} 8\ 2 \\ \times\ 7\ 5 \\ \hline \end{array}$$

$$+$$

15

$$\begin{array}{r} 4\ 8 \\ \times\ 7\ 8 \\ \hline \end{array}$$

$$+$$

16

$$\begin{array}{r} 5\ 0 \\ \times\ 8\ 2 \\ \hline \end{array}$$

$$+$$

1

```
      9 2
  ×   6 0
+
```

2

```
      5 0
  ×   6 6
+
```

3

```
      2 7
  ×   8 3
+
```

4

```
      1 4
  ×   5 2
+
```

5

```
      7 2
  ×   1 3
+
```

6

```
      2 4
  ×   6 4
+
```

7

```
      8 6
  ×   3 0
+
```

8

```
      3 2
  ×   6 8
+
```

9

```
      6 7
  ×   4 4
+
```

10

```
      5 7
  ×   7 9
+
```

11

```
      1 0
  ×   5 4
+
```

12

```
      3 8
  ×   4 7
+
```

13

```
      6 9
  ×   1 2
+
```

14

```
      7 4
  ×   1 1
+
```

15

```
      5 6
  ×   4 0
+
```

16

```
      3 7
  ×   4 6
+
```

6

1

```
      6 5
  ×   5 9
+
```

2

```
      3 0
  ×   7 8
+
```

3

```
      8 2
  ×   8 8
+
```

4

```
      1 6
  ×   3 1
+
```

5

```
      8 7
  ×   1 1
+
```

6

```
      7 6
  ×   9 3
+
```

7

```
      5 5
  ×   6 8
+
```

8

```
      1 5
  ×   9 7
+
```

9

```
      9 6
  ×   8 9
+
```

10

```
      7 9
  ×   4 7
+
```

11

```
      1 6
  ×   6 8
+
```

12

```
      3 4
  ×   3 3
+
```

13

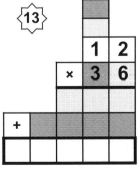

```
      1 2
  ×   3 6
+
```

14

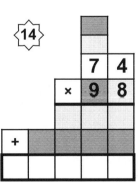

```
      7 4
  ×   9 8
+
```

15

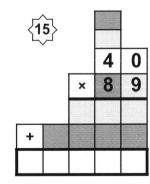

```
      4 0
  ×   8 9
+
```

16

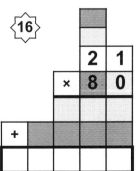

```
      2 1
  ×   8 0
+
```

7

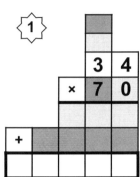

1

	3	4
×	7	0

+

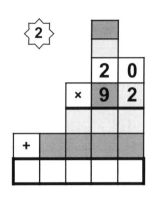

2

	2	0
×	9	2

+

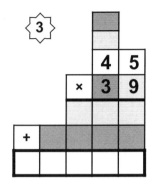

3

	4	5
×	3	9

+

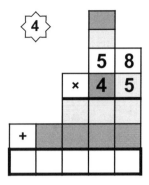

4

	5	8
×	4	5

+

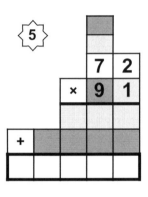

5

	7	2
×	9	1

+

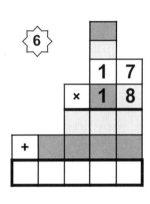

6

	1	7
×	1	8

+

7

	7	2
×	7	3

+

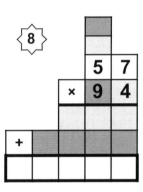

8

	5	7
×	9	4

+

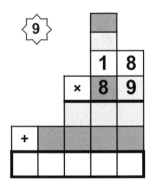

9

	1	8
×	8	9

+

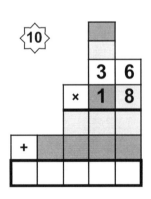

10

	3	6
×	1	8

+

11

	6	9
×	4	2

+

12

	9	3
×	4	3

+

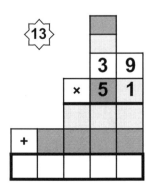

13

	3	9
×	5	1

+

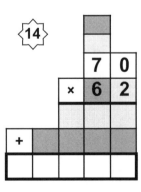

14

	7	0
×	6	2

+

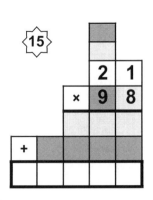

15

	2	1
×	9	8

+

16

	6	5
×	6	9

+

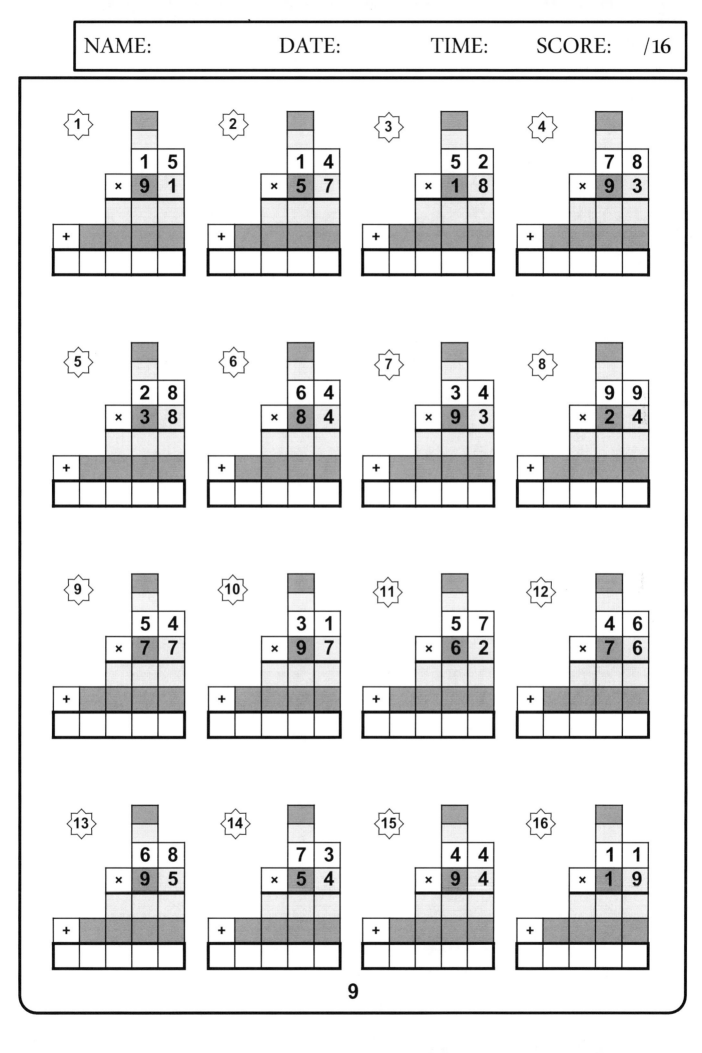

1

```
    1 1
  × 3 1
  ───────
+
  ───────
```

2

```
    2 2
  × 8 0
  ───────
+
  ───────
```

3

```
    9 2
  × 4 9
  ───────
+
  ───────
```

4

```
    9 2
  × 9 0
  ───────
+
  ───────
```

5

```
    3 8
  × 5 6
  ───────
+
  ───────
```

6

```
    7 6
  × 7 4
  ───────
+
  ───────
```

7

```
    9 7
  × 9 3
  ───────
+
  ───────
```

8

```
    6 9
  × 9 9
  ───────
+
  ───────
```

9

```
    7 2
  × 6 4
  ───────
+
  ───────
```

10

```
    7 9
  × 2 7
  ───────
+
  ───────
```

11

```
    2 5
  × 4 7
  ───────
+
  ───────
```

12

```
    7 7
  × 1 6
  ───────
+
  ───────
```

13

```
    2 9
  × 2 0
  ───────
+
  ───────
```

14

```
    1 2
  × 5 2
  ───────
+
  ───────
```

15

```
    3 9
  × 6 9
  ───────
+
  ───────
```

16

```
    1 5
  × 1 8
  ───────
+
  ───────
```

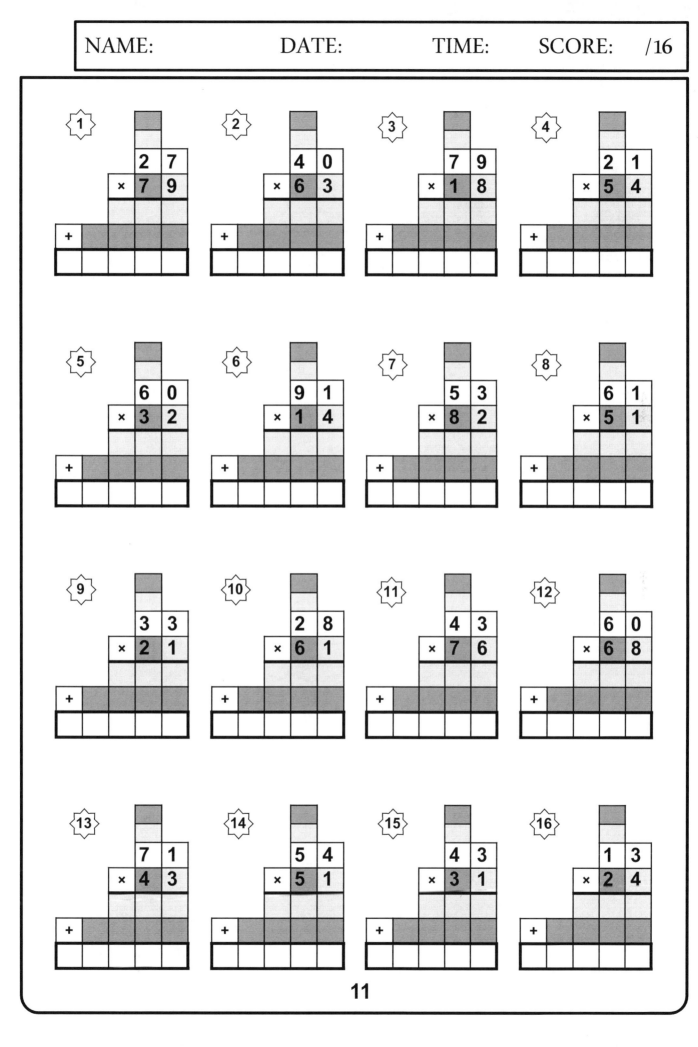

1. 27 × 79, +
2. 40 × 63, +
3. 79 × 18, +
4. 21 × 54, +
5. 60 × 32, +
6. 91 × 14, +
7. 53 × 82, +
8. 61 × 51, +
9. 33 × 21, +
10. 28 × 61, +
11. 43 × 76, +
12. 60 × 68, +
13. 71 × 43, +
14. 54 × 51, +
15. 43 × 31, +
16. 13 × 24, +

1

	3	0
×	9	4

+

2

	3	7
×	3	4

+

3

	2	3
×	8	1

+

4

	9	8
×	1	9

+

5

	5	0
×	8	9

+

6

	6	0
×	2	8

+

7

	9	8
×	3	2

+

8

	9	2
×	8	9

+

9

	7	0
×	2	7

+

10

	7	5
×	6	2

+

11

	2	8
×	5	6

+

12

	9	0
×	7	8

+

13

	9	8
×	9	1

+

14

	3	0
×	4	3

+

15

	6	7
×	7	5

+

16

	2	9
×	5	6

+

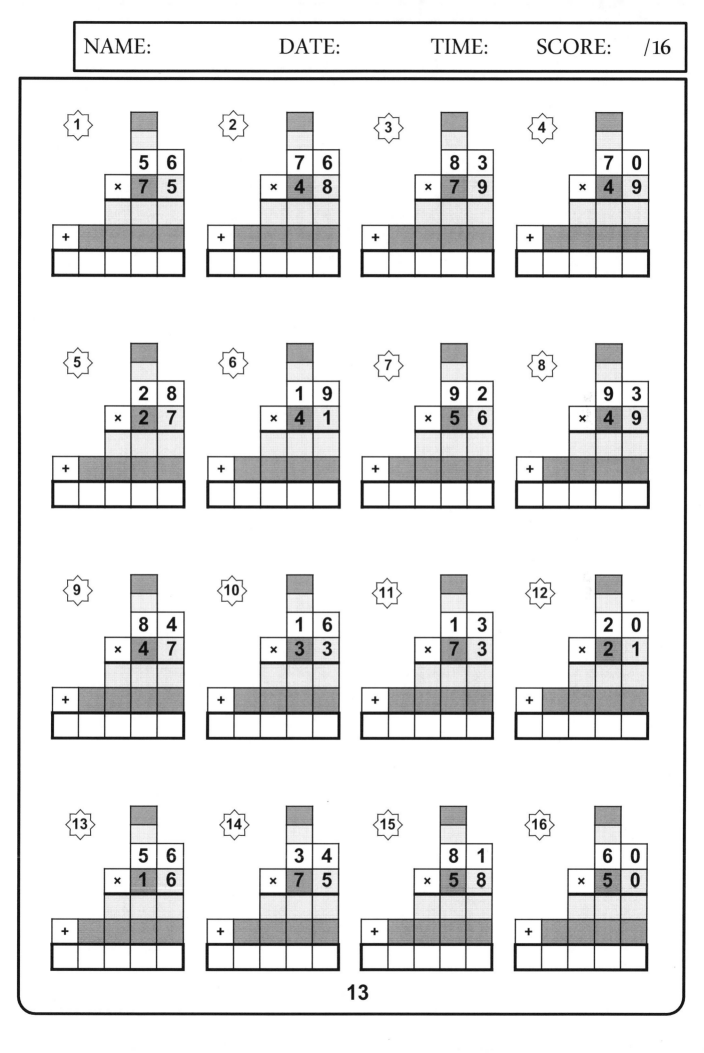

1. 56 × 75

2. 76 × 48

3. 83 × 79

4. 70 × 49

5. 28 × 27

6. 19 × 41

7. 92 × 56

8. 93 × 49

9. 84 × 47

10. 16 × 33

11. 13 × 73

12. 20 × 21

13. 56 × 16

14. 34 × 75

15. 81 × 58

16. 60 × 50

1

		9	8
×		3	6

+

2

		4	4
×		2	6

+

3

		4	1
×		8	7

+

4

		9	4
×		7	3

+

5

		7	0
×		7	9

+

6

		7	4
×		1	4

+

7

		5	6
×		1	6

+

8

		6	5
×		3	6

+

9

		7	2
×		1	1

+

10

		3	8
×		1	3

+

11

		2	3
×		7	0

+

12

		3	6
×		1	3

+

13

		7	5
×		3	9

+

14

		5	2
×		1	0

+

15

		7	4
×		4	8

+

16

		7	5
×		9	9

+

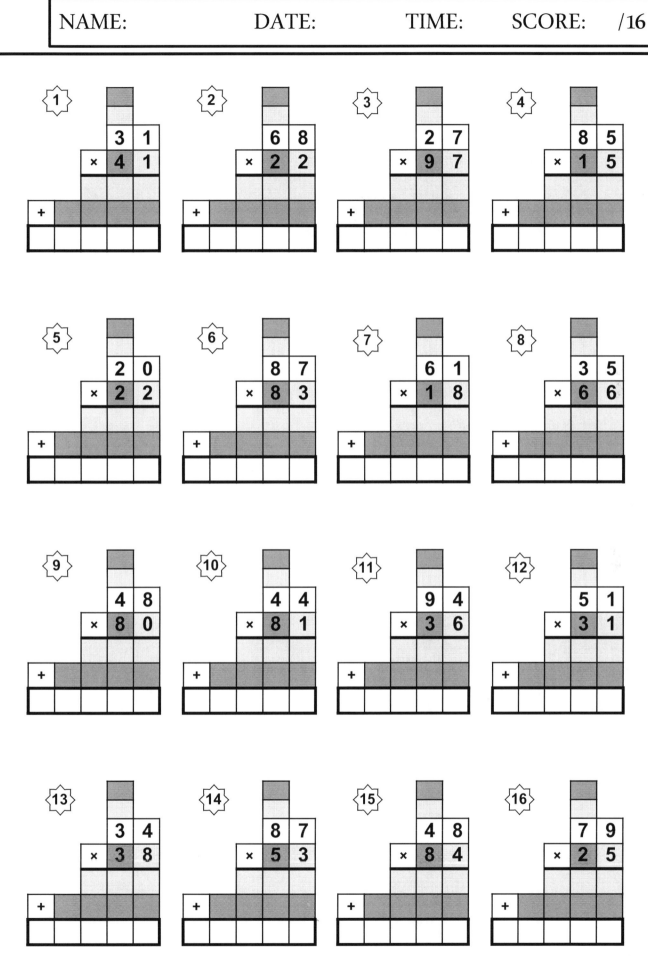

1

```
      4 0
  ×   3 0
  +
```

2

```
      3 6
  ×   9 5
  +
```

3

```
      8 6
  ×   7 7
  +
```

4

```
      6 4
  ×   7 7
  +
```

5

```
      1 7
  ×   8 7
  +
```

6

```
      4 8
  ×   7 7
  +
```

7

```
      6 1
  ×   9 3
  +
```

8

```
      5 1
  ×   8 4
  +
```

9

```
      3 0
  ×   5 7
  +
```

10

```
      1 9
  ×   4 1
  +
```

11

```
      7 6
  ×   9 6
  +
```

12

```
      2 9
  ×   7 4
  +
```

13

```
      1 6
  ×   7 4
  +
```

14

```
      9 3
  ×   2 6
  +
```

15

```
      2 4
  ×   2 7
  +
```

16

```
      3 2
  ×   6 3
  +
```

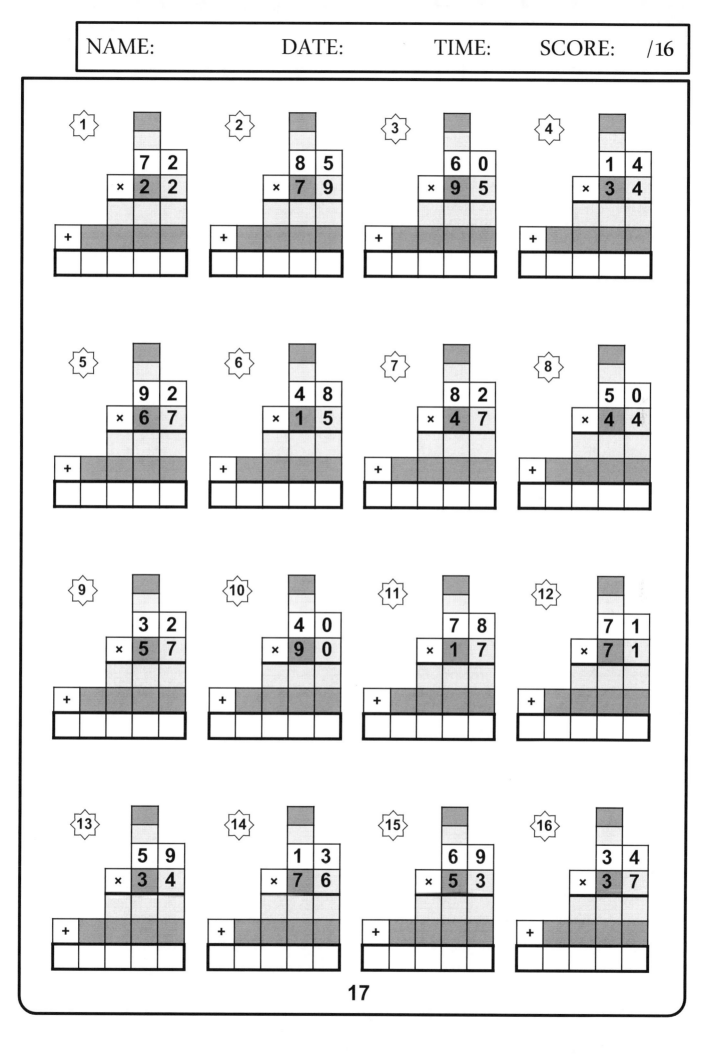

①
```
    7 2
  × 2 2
+
```

②
```
    8 5
  × 7 9
+
```

③
```
    6 0
  × 9 5
+
```

④
```
    1 4
  × 3 4
+
```

⑤
```
    9 2
  × 6 7
+
```

⑥
```
    4 8
  × 1 5
+
```

⑦
```
    8 2
  × 4 7
+
```

⑧
```
    5 0
  × 4 4
+
```

⑨
```
    3 2
  × 5 7
+
```

⑩
```
    4 0
  × 9 0
+
```

⑪
```
    7 8
  × 1 7
+
```

⑫
```
    7 1
  × 7 1
+
```

⑬
```
    5 9
  × 3 4
+
```

⑭
```
    1 3
  × 7 6
+
```

⑮
```
    6 9
  × 5 3
+
```

⑯
```
    3 4
  × 3 7
+
```

1

```
      7 0
  ×   9 0
  +
```

2

```
      1 3
  ×   7 1
  +
```

3

```
      9 7
  ×   3 1
  +
```

4

```
      5 1
  ×   1 9
  +
```

5

```
      2 1
  ×   7 3
  +
```

6

```
      7 6
  ×   4 3
  +
```

7

```
      6 2
  ×   4 4
  +
```

8

```
      5 8
  ×   4 8
  +
```

9

```
      2 5
  ×   4 3
  +
```

10

```
      4 7
  ×   2 9
  +
```

11

```
      4 4
  ×   7 7
  +
```

12

```
      6 9
  ×   7 6
  +
```

13

```
      3 3
  ×   2 1
  +
```

14

```
      5 6
  ×   4 6
  +
```

15

```
      7 2
  ×   5 9
  +
```

16

```
      7 0
  ×   1 9
  +
```

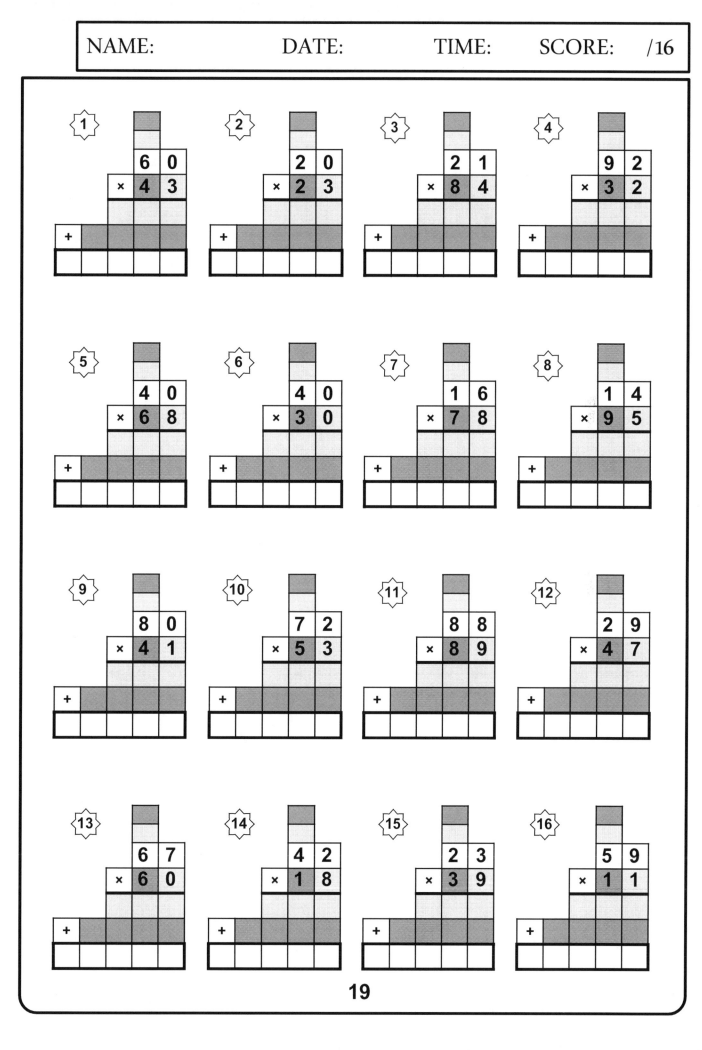

1.
```
    6 0
×   4 3
```

2.
```
    2 0
×   2 3
```

3.
```
    2 1
×   8 4
```

4.
```
    9 2
×   3 2
```

5.
```
    4 0
×   6 8
```

6.
```
    4 0
×   3 0
```

7.
```
    1 6
×   7 8
```

8.
```
    1 4
×   9 5
```

9.
```
    8 0
×   4 1
```

10.
```
    7 2
×   5 3
```

11.
```
    8 8
×   8 9
```

12.
```
    2 9
×   4 7
```

13.
```
    6 7
×   6 0
```

14.
```
    4 2
×   1 8
```

15.
```
    2 3
×   3 9
```

16.
```
    5 9
×   1 1
```

1

```
      8 8
  ×   2 7
  ─────────

+
```

2

```
      8 1
  ×   2 1
  ─────────

+
```

3

```
      9 8
  ×   8 7
  ─────────

+
```

4

```
      7 8
  ×   1 5
  ─────────

+
```

5

```
      9 7
  ×   2 4
  ─────────

+
```

6

```
      6 1
  ×   2 7
  ─────────

+
```

7

```
      4 0
  ×   3 2
  ─────────

+
```

8

```
      3 9
  ×   2 3
  ─────────

+
```

9

```
      7 2
  ×   8 1
  ─────────

+
```

10

```
      5 7
  ×   3 2
  ─────────

+
```

11

```
      1 4
  ×   9 6
  ─────────

+
```

12

```
      3 5
  ×   1 5
  ─────────

+
```

13

```
      3 9
  ×   7 4
  ─────────

+
```

14

```
      7 0
  ×   7 3
  ─────────

+
```

15

```
      8 2
  ×   9 9
  ─────────

+
```

16

```
      8 3
  ×   5 0
  ─────────

+
```

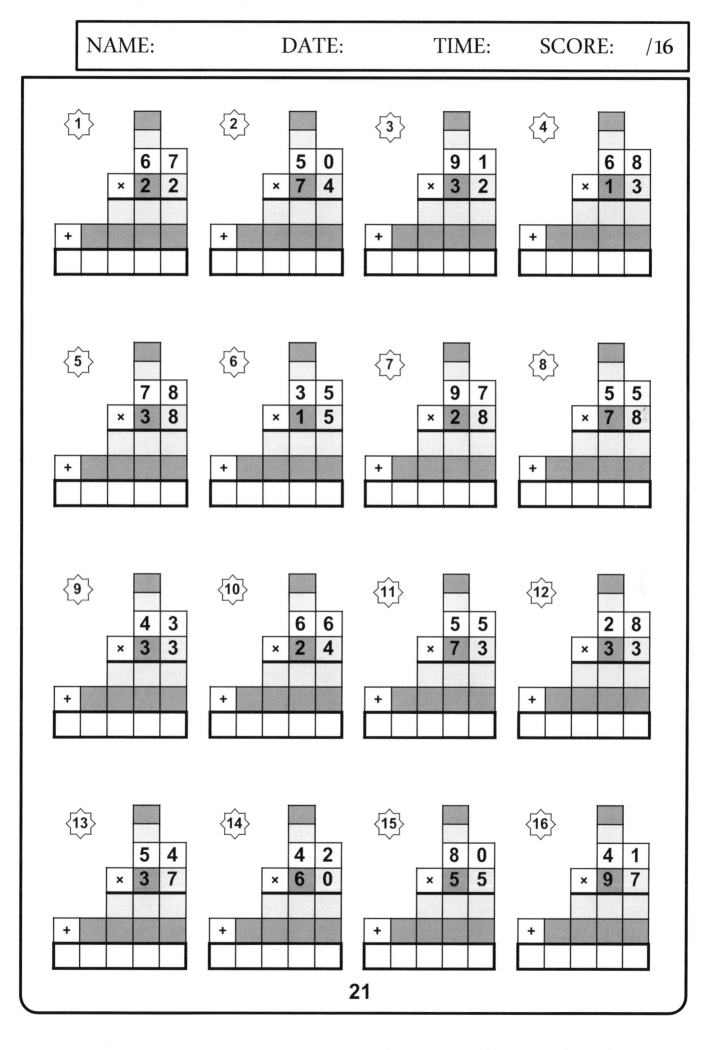

1

	2	5
×	9	1

+

2

	8	6
×	7	0

+

3

	9	2
×	8	7

+

4

	4	4
×	8	1

+

5

	6	9
×	1	0

+

6

	7	5
×	5	7

+

7

	1	3
×	8	9

+

8

	8	6
×	5	4

+

9

	7	8
×	2	9

+

10

	5	2
×	3	1

+

11

	7	0
×	7	3

+

12

	3	5
×	5	9

+

13

	3	4
×	8	8

+

14

	3	8
×	7	3

+

15

	4	1
×	9	9

+

16

	3	7
×	2	8

+

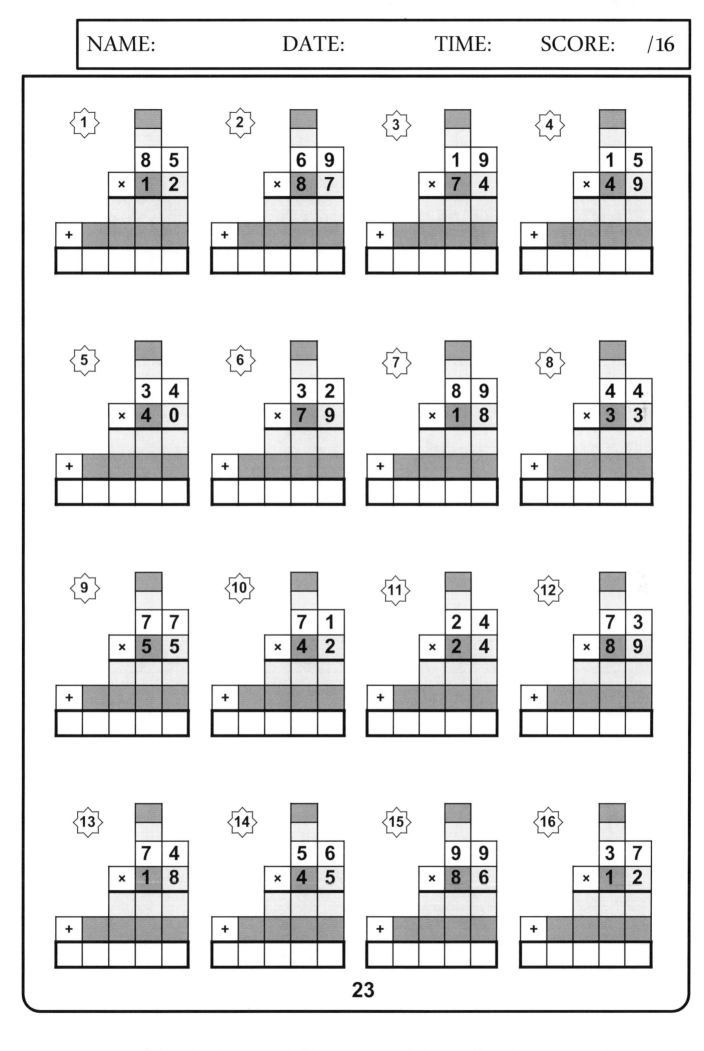

1.
```
    8 5
  × 1 2
+
```

2.
```
    6 9
  × 8 7
+
```

3.
```
    1 9
  × 7 4
+
```

4.
```
    1 5
  × 4 9
+
```

5.
```
    3 4
  × 4 0
+
```

6.
```
    3 2
  × 7 9
+
```

7.
```
    8 9
  × 1 8
+
```

8.
```
    4 4
  × 3 3
+
```

9.
```
    7 7
  × 5 5
+
```

10.
```
    7 1
  × 4 2
+
```

11.
```
    2 4
  × 2 4
+
```

12.
```
    7 3
  × 8 9
+
```

13.
```
    7 4
  × 1 8
+
```

14.
```
    5 6
  × 4 5
+
```

15.
```
    9 9
  × 8 6
+
```

16.
```
    3 7
  × 1 2
+
```

1

		1	2	
		1	2	
		3	2	4
×			5	7
	2	2	6	8
+	1	6	2	0	0
	1	8	4	6	8

2

		8	5	0
×			2	6
+				

3

		3	3	5
×			6	9
+				

4

		2	6	1
×			2	5
+				

5

		5	6	2
×			6	0
+				

6

		4	1	8
×			4	7
+				

7

		9	3	1
×			5	5
+				

8

		6	7	7
×			2	9
+				

9

		2	0	8
×			8	5
+				

10

		9	3	1
×			7	6
+				

11

		3	1	0
×			5	3
+				

12

		9	3	3
×			7	4
+				

1

	3	4	8
×		7	3

2

	3	0	3
×		9	9

3

	1	6	2
×		7	0

4

	6	4	4
×		9	6

5

	9	8	1
×		6	9

6

	9	1	5
×		6	2

7

	2	6	3
×		3	7

8

	8	7	4
×		7	3

9

	9	8	0
×		3	7

10

	7	8	3
×		9	1

11

	9	5	5
×		8	7

12

	7	6	1
×		6	1

1

	3	7	1
×		2	0

2

	1	3	0
×		5	7

3

	4	3	5
×		9	3

4

	6	5	5
×		2	0

5

	4	7	5
×		2	4

6

	8	1	2
×		3	8

7

	4	8	9
×		7	1

8

	8	4	7
×		8	6

9

	1	1	4
×		7	3

10

	9	1	2
×		2	9

11

	1	4	5
×		3	8

12

	4	3	8
×		6	3

1

$$
\begin{array}{r}
1\ 2\ 6 \\
\times\quad 2\ 8 \\
\hline
\end{array}
$$
+

2

$$
\begin{array}{r}
4\ 4\ 8 \\
\times\quad 8\ 5 \\
\hline
\end{array}
$$
+

3

$$
\begin{array}{r}
2\ 3\ 3 \\
\times\quad 9\ 1 \\
\hline
\end{array}
$$
+

4

$$
\begin{array}{r}
5\ 4\ 0 \\
\times\quad 6\ 3 \\
\hline
\end{array}
$$
+

5

$$
\begin{array}{r}
3\ 3\ 4 \\
\times\quad 6\ 7 \\
\hline
\end{array}
$$
+

6

$$
\begin{array}{r}
6\ 7\ 5 \\
\times\quad 7\ 5 \\
\hline
\end{array}
$$
+

7

$$
\begin{array}{r}
9\ 6\ 5 \\
\times\quad 9\ 3 \\
\hline
\end{array}
$$
+

8

$$
\begin{array}{r}
5\ 9\ 7 \\
\times\quad 6\ 2 \\
\hline
\end{array}
$$
+

9

$$
\begin{array}{r}
4\ 3\ 9 \\
\times\quad 8\ 8 \\
\hline
\end{array}
$$
+

10

$$
\begin{array}{r}
5\ 0\ 0 \\
\times\quad 2\ 8 \\
\hline
\end{array}
$$
+

11

$$
\begin{array}{r}
9\ 5\ 4 \\
\times\quad 2\ 1 \\
\hline
\end{array}
$$
+

12

$$
\begin{array}{r}
9\ 9\ 3 \\
\times\quad 1\ 7 \\
\hline
\end{array}
$$
+

1

```
      6 3 7
  ×     5 3
```

2

```
      3 2 8
  ×     6 6
```

3

```
      7 0 6
  ×     7 9
```

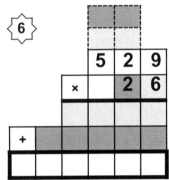

4

```
      1 6 0
  ×     6 9
```

5

```
      1 7 7
  ×     2 1
```

6

```
      5 2 9
  ×     2 6
```

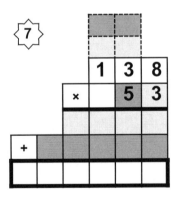
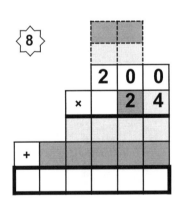

7

```
      1 3 8
  ×     5 3
```

8

```
      2 0 0
  ×     2 4
```

9

```
      1 3 4
  ×     5 9
```

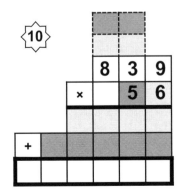
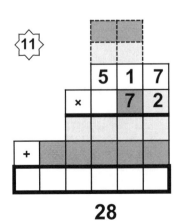
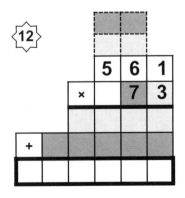

10

```
      8 3 9
  ×     5 6
```

11

```
      5 1 7
  ×     7 2
```

12

```
      5 6 1
  ×     7 3
```

1

```
      2 0 5
  ×     7 2
+
```

2

```
      8 3 9
  ×     3 0
+
```

3

```
      3 4 7
  ×     4 3
+
```

4

```
      7 6 4
  ×     5 8
+
```

5

```
      3 0 6
  ×     2 5
+
```

6

```
      2 0 5
  ×     7 8
+
```

7

```
      6 9 9
  ×     5 2
+
```

8

```
      4 6 1
  ×     6 3
+
```

9

```
      2 3 8
  ×     8 5
+
```

10

```
      1 1 8
  ×     7 1
+
```

11

```
      2 0 6
  ×     7 9
+
```

12

```
      1 8 7
  ×     7 7
+
```

1
```
      6 1 6
  ×     6 9
  +
```

2
```
      9 3 7
  ×     4 3
  +
```

3
```
      6 7 3
  ×     7 3
  +
```

4
```
      1 9 7
  ×     4 4
  +
```

5
```
      6 6 3
  ×     4 8
  +
```

6
```
      7 8 8
  ×     4 8
  +
```

7
```
      6 7 5
  ×     4 1
  +
```

8
```
      9 3 2
  ×     9 9
  +
```

9
```
      4 2 0
  ×     6 9
  +
```

10
```
      3 6 9
  ×     2 3
  +
```

11
```
      7 1 2
  ×     2 2
  +
```

12
```
      2 7 7
  ×     5 2
  +
```

1

```
        1  0  4
  ×        5  0
  ─────────────

+
  ─────────────
```

2

```
        9  1  6
  ×        4  7
  ─────────────

+
  ─────────────
```

3

```
        8  2  2
  ×        7  5
  ─────────────

+
  ─────────────
```

4

```
        8  5  2
  ×        6  4
  ─────────────

+
  ─────────────
```

5

```
        8  9  2
  ×        9  9
  ─────────────

+
  ─────────────
```

6

```
        2  7  8
  ×        1  1
  ─────────────

+
  ─────────────
```

7

```
        4  1  2
  ×        1  6
  ─────────────

+
  ─────────────
```

8

```
        4  0  8
  ×        6  8
  ─────────────

+
  ─────────────
```

9

```
        1  3  4
  ×        5  5
  ─────────────

+
  ─────────────
```

10

```
        9  3  6
  ×        5  0
  ─────────────

+
  ─────────────
```

11

```
        9  7  5
  ×        5  9
  ─────────────

+
  ─────────────
```

12

```
        8  5  1
  ×        8  4
  ─────────────

+
  ─────────────
```

1

```
      4 4 7
  ×     4 7
```

2

```
      8 1 2
  ×     8 4
```

3

```
      7 8 4
  ×     5 4
```

4

```
      1 3 2
  ×     9 3
```

5

```
      4 4 0
  ×     7 2
```

6

```
      3 8 1
  ×     7 1
```

7

```
      5 7 7
  ×     4 0
```

8

```
      2 1 9
  ×     5 4
```

9

```
      1 1 0
  ×     4 5
```

10

```
      1 4 5
  ×     6 0
```

11

```
      6 8 2
  ×     4 9
```

12

```
      7 2 7
  ×     6 2
```

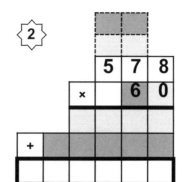

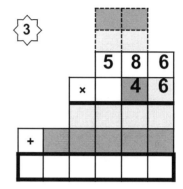

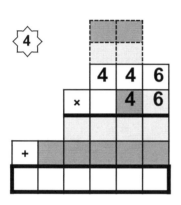

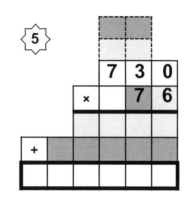

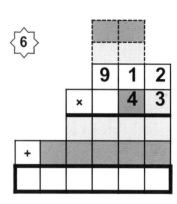

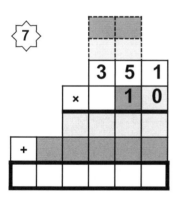

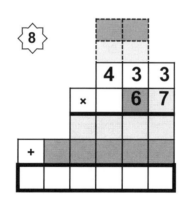

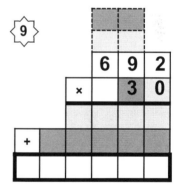

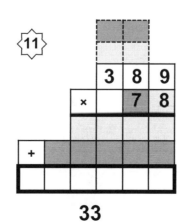

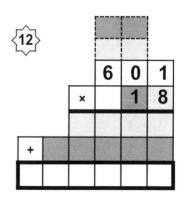

1

```
      1  7  4
  ×      4  1
```

2

```
      7  1  1
  ×      9  8
```

3

```
      9  0  8
  ×      6  4
```

4

```
      8  0  9
  ×      5  8
```

5

```
      2  3  7
  ×      7  5
```

6

```
      3  3  7
  ×      5  8
```

7

```
      6  9  9
  ×      7  4
```

8

```
      9  9  1
  ×      3  6
```

9

```
      7  3  1
  ×      8  4
```

10

```
      5  3  4
  ×      2  5
```

11

```
      3  4  6
  ×      1  1
```

12

```
      6  3  5
  ×      8  8
```

1

	6	0	6
×		8	6
+			

2

	5	1	5
×		9	9
+			

3

	2	8	2
×		2	1
+			

4

	1	3	9
×		2	9
+			

5

	2	1	1
×		5	7
+			

6

	1	3	0
×		8	4
+			

7

	9	7	3
×		7	4
+			

8

	9	7	7
×		8	3
+			

9

	8	0	5
×		8	0
+			

10

	2	7	3
×		7	0
+			

11

	8	1	0
×		7	2
+			

12

	2	2	6
×		8	1
+			

35

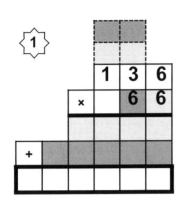

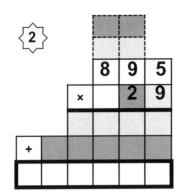

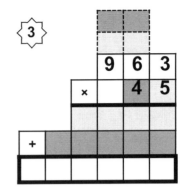

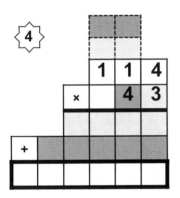

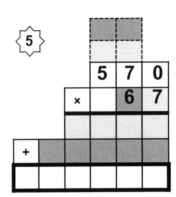

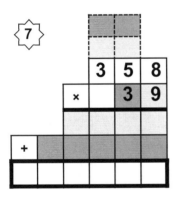

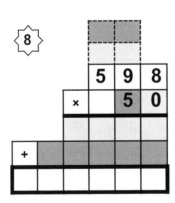

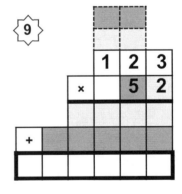

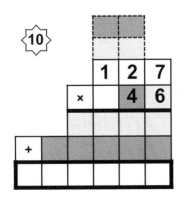

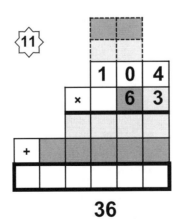

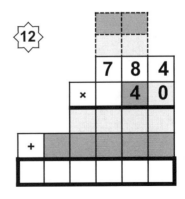

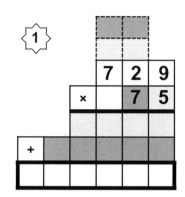

1

	7	2	9
×		7	5

+

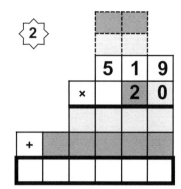

2

	5	1	9
×		2	0

+

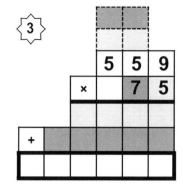

3

	5	5	9
×		7	5

+

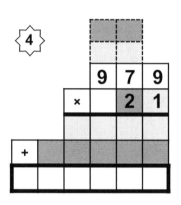

4

	9	7	9
×		2	1

+

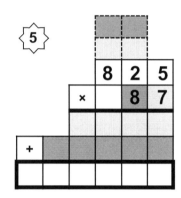

5

	8	2	5
×		8	7

+

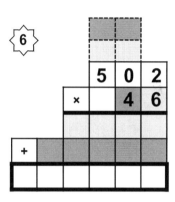

6

	5	0	2
×		4	6

+

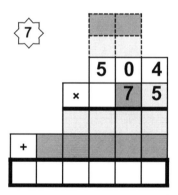

7

	5	0	4
×		7	5

+

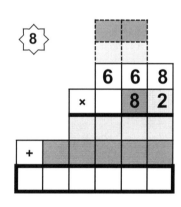

8

	6	6	8
×		8	2

+

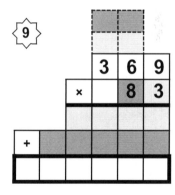

9

	3	6	9
×		8	3

+

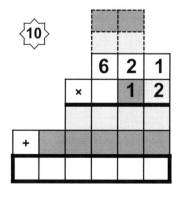

10

	6	2	1
×		1	2

+

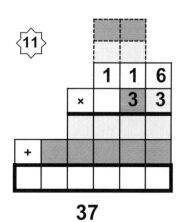

11

	1	1	6
×		3	3

+

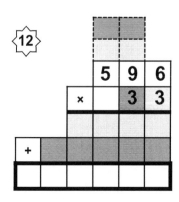

12

	5	9	6
×		3	3

+

1

		6	3	7
×			5	9

2

		9	0	7
×			4	9

3

		6	1	1
×			1	9

4

		4	2	7
×			5	9

5

		9	2	4
×			1	7

6

		5	3	4
×			4	7

7

		7	5	6
×			5	7

8

		2	7	2
×			1	2

9

		5	1	5
×			2	6

10

		3	0	6
×			5	0

11

		5	3	9
×			1	2

12

		9	7	9
×			4	5

1.

$$729 \times 33$$

2.

$$576 \times 77$$

3.

$$358 \times 86$$

4.

$$635 \times 15$$

5.

$$945 \times 89$$

6.

$$613 \times 45$$

7.

$$591 \times 96$$

8.

$$490 \times 21$$

9.

$$828 \times 76$$

10.

$$214 \times 61$$

11.

$$193 \times 93$$

12.

$$350 \times 24$$

1

		9	6	5
×			8	4

2

		3	2	7
×			4	3

3

		9	2	4
×			2	7

4

		5	8	8
×			4	6

5

		3	5	3
×			6	3

6

		8	3	1
×			5	1

7

		8	8	2
×			9	0

8

		8	7	2
×			4	0

9

		1	9	8
×			8	6

10

		9	2	6
×			5	6

11

		1	2	3
×			4	8

12

		4	0	8
×			4	0

1

```
    4 7 6
  ×   3 9
  ─────────
+
  ─────────
```

2

```
    3 8 0
  ×   8 5
  ─────────
+
  ─────────
```

3

```
    5 0 9
  ×   6 1
  ─────────
+
  ─────────
```

4

```
    3 4 3
  ×   5 2
  ─────────
+
  ─────────
```

5

```
    4 7 3
  ×   8 1
  ─────────
+
  ─────────
```

6

```
    8 8 8
  ×   4 8
  ─────────
+
  ─────────
```

7

```
    9 7 3
  ×   5 9
  ─────────
+
  ─────────
```

8

```
    4 1 7
  ×   3 5
  ─────────
+
  ─────────
```

9

```
    4 9 2
  ×   2 1
  ─────────
+
  ─────────
```

10

```
    7 7 5
  ×   8 1
  ─────────
+
  ─────────
```

11

```
    2 5 6
  ×   7 0
  ─────────
+
  ─────────
```

12

```
    8 9 1
  ×   4 1
  ─────────
+
  ─────────
```

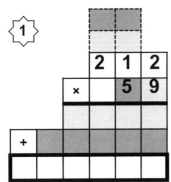

1)
```
      2 1 2
  ×     5 9
  ─────────
+
  ─────────
```

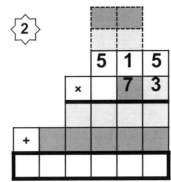

2)
```
      5 1 5
  ×     7 3
  ─────────
+
  ─────────
```

3)
```
      8 3 1
  ×     5 7
  ─────────
+
  ─────────
```

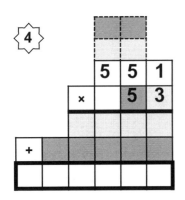

4)
```
      5 5 1
  ×     5 3
  ─────────
+
  ─────────
```

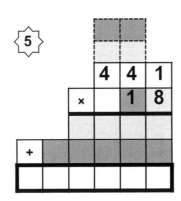

5)
```
      4 4 1
  ×     1 8
  ─────────
+
  ─────────
```

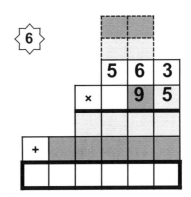

6)
```
      5 6 3
  ×     9 5
  ─────────
+
  ─────────
```

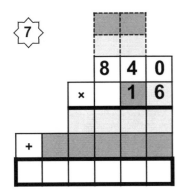

7)
```
      8 4 0
  ×     1 6
  ─────────
+
  ─────────
```

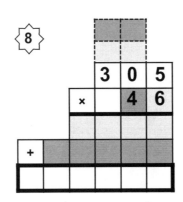

8)
```
      3 0 5
  ×     4 6
  ─────────
+
  ─────────
```

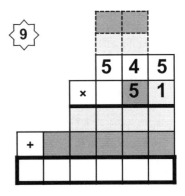

9)
```
      5 4 5
  ×     5 1
  ─────────
+
  ─────────
```

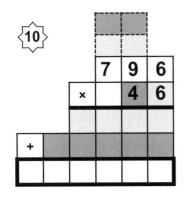

10)
```
      7 9 6
  ×     4 6
  ─────────
+
  ─────────
```

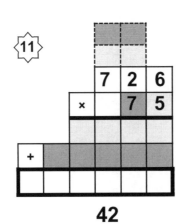

11)
```
      7 2 6
  ×     7 5
  ─────────
+
  ─────────
```

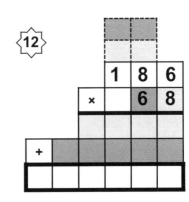

12)
```
      1 8 6
  ×     6 8
  ─────────
+
  ─────────
```

1

$$7\ 3\ 7 \times 3\ 0$$

2

$$3\ 0\ 6 \times 1\ 5$$

3

$$9\ 7\ 7 \times 2\ 8$$

4

$$5\ 4\ 6 \times 2\ 4$$

5

$$4\ 6\ 0 \times 9\ 4$$

6

$$8\ 0\ 5 \times 8\ 2$$

7

$$8\ 1\ 4 \times 2\ 1$$

8

$$7\ 6\ 2 \times 3\ 6$$

9

$$4\ 1\ 5 \times 9\ 5$$

10

$$3\ 7\ 0 \times 6\ 2$$

11

$$4\ 0\ 6 \times 5\ 7$$

12

$$6\ 2\ 1 \times 6\ 1$$

43

1

		4	4	
		1	1	
		4	4	
	5	6	7	
×	7	2	6	

		3	4	0	2
	1	1	3	4	0
+	3	9	6	9	0	0

| 4 | 1 | 1 | 6 | 4 | 2 |

2

	1	5	3
×	2	4	8

3

	8	6	8
×	9	8	3

4

	9	1	0
×	2	8	0

5

	5	0	4
×	1	5	4

6

	7	5	3
×	3	2	7

7

	6	5	3
×	2	1	7

8

	9	5	5
×	3	5	7

9

	5	5	7
×	5	7	0

10

	5	8	2
×	9	5	9

11

	9	4	7
×	5	9	3

12

	2	9	9
×	6	9	1

44

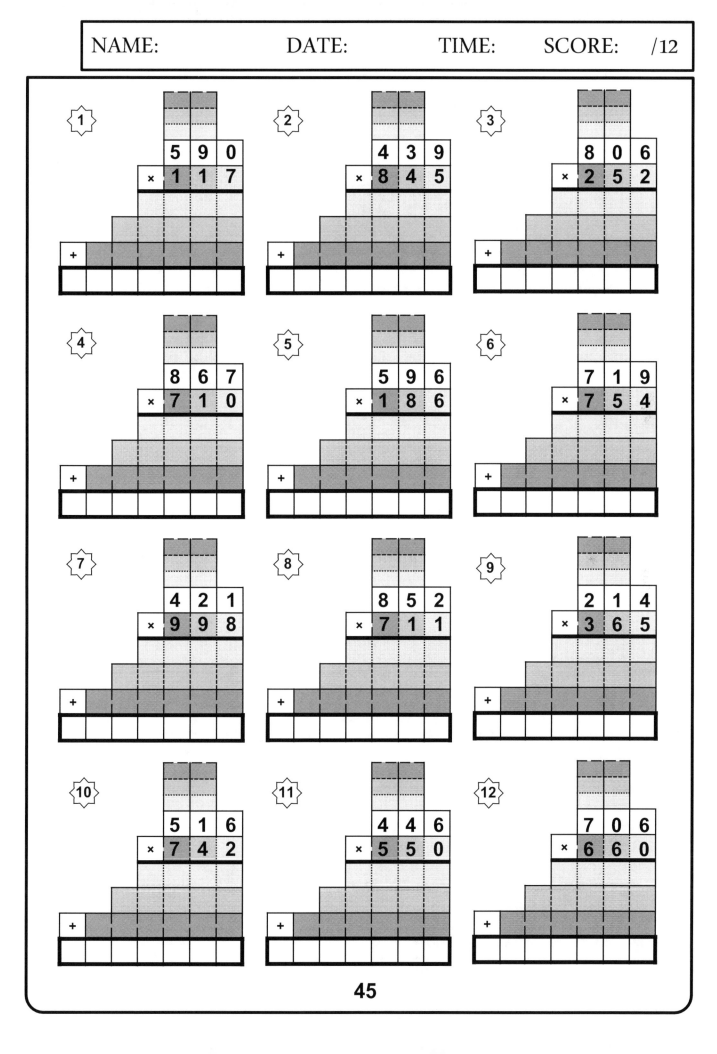

1)
```
      5 9 0
  ×   1 1 7
```

2)
```
      4 3 9
  ×   8 4 5
```

3)
```
      8 0 6
  ×   2 5 2
```

4)
```
      8 6 7
  ×   7 1 0
```

5)
```
      5 9 6
  ×   1 8 6
```

6)
```
      7 1 9
  ×   7 5 4
```

7)
```
      4 2 1
  ×   9 9 8
```

8)
```
      8 5 2
  ×   7 1 1
```

9)
```
      2 1 4
  ×   3 6 5
```

10)
```
      5 1 6
  ×   7 4 2
```

11)
```
      4 4 6
  ×   5 5 0
```

12)
```
      7 0 6
  ×   6 6 0
```

1

```
    9 7 1
  × 2 4 9
+
```

2

```
    1 3 9
  × 7 3 5
+
```

3

```
    7 8 9
  × 1 3 9
+
```

4

```
    3 1 4
  × 5 9 9
+
```

5

```
    2 2 0
  × 7 3 8
+
```

6

```
    2 1 9
  × 7 8 3
+
```

7

```
    5 0 3
  × 8 9 0
+
```

8

```
    2 8 0
  × 1 0 5
+
```

9

```
    6 4 3
  × 6 1 0
+
```

10

```
    5 0 4
  × 3 1 6
+
```

11

```
    9 0 6
  × 8 6 8
+
```

12

```
    1 8 5
  × 3 9 4
+
```

1

```
      2 6 9
  ×   4 9 1
  ─────────
+
```

2

```
      9 1 2
  ×   8 1 9
  ─────────
+
```

3

```
      7 7 0
  ×   3 9 5
  ─────────
+
```

4

```
      1 5 8
  ×   7 1 6
  ─────────
+
```

5

```
      2 8 3
  ×   5 5 8
  ─────────
+
```

6

```
      6 9 9
  ×   7 0 5
  ─────────
+
```

7

```
      6 2 1
  ×   2 5 2
  ─────────
+
```

8

```
      4 1 6
  ×   5 7 6
  ─────────
+
```

9

```
      6 4 2
  ×   4 6 8
  ─────────
+
```

10

```
      5 8 6
  ×   8 7 0
  ─────────
+
```

11

```
      9 3 1
  ×   9 8 7
  ─────────
+
```

12

```
      4 3 6
  ×   5 6 6
  ─────────
+
```

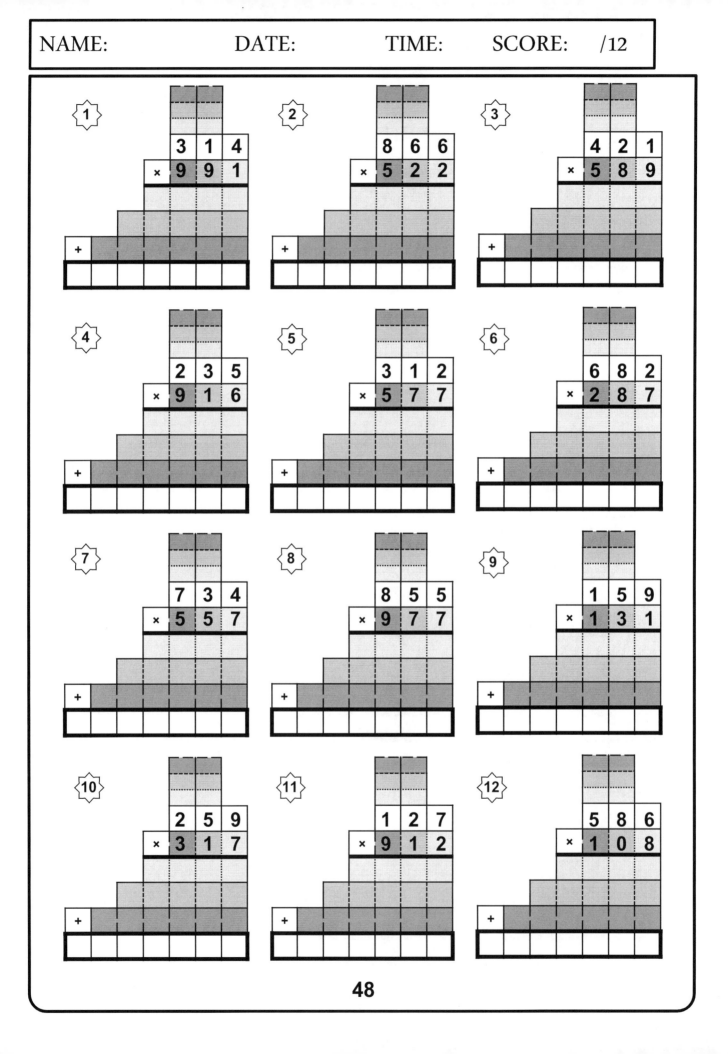

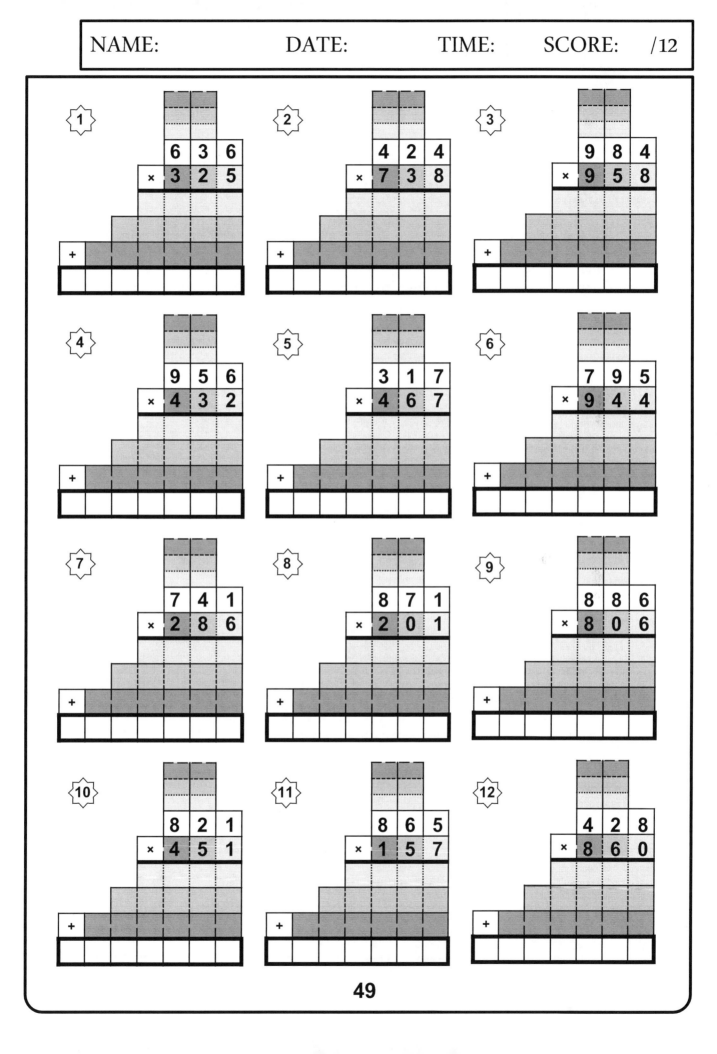

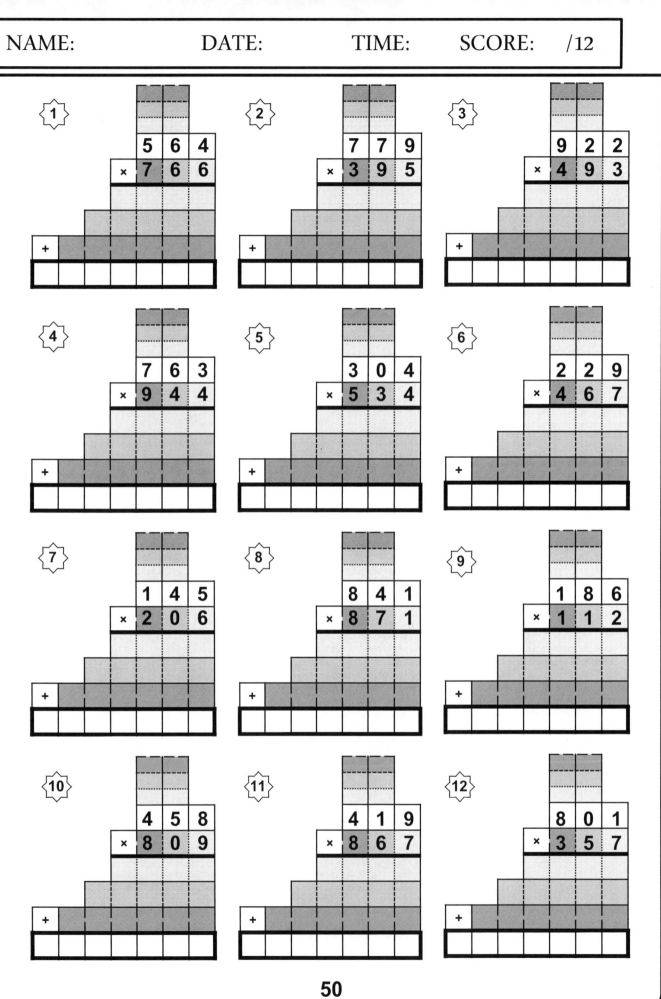

1

```
    3 0 1
×   1 9 6
```

2

```
    5 6 0
×   7 8 3
```

3

```
    4 4 6
×   8 5 0
```

4

```
    9 7 2
×   9 8 5
```

5

```
    3 2 1
×   8 7 9
```

6

```
    1 7 0
×   2 2 7
```

7

```
    1 2 5
×   3 2 0
```

8

```
    5 3 6
×   1 9 3
```

9

```
    5 5 0
×   9 3 3
```

10

```
    5 6 5
×   3 6 3
```

11

```
    4 4 5
×   8 7 1
```

12

```
    1 9 6
×   2 2 7
```

1

	5	1	6
×	8	8	3

+

2

	5	1	0
×	2	7	7

+

3

	1	7	7
×	1	8	7

+

4

	3	1	4
×	2	3	3

+

5

	9	4	5
×	8	7	5

+

6

	6	8	5
×	3	2	0

+

7

	4	6	2
×	7	0	6

+

8

	6	9	8
×	9	2	8

+

9

	8	0	6
×	8	3	3

+

10

	4	1	3
×	7	9	2

+

11

	7	0	7
×	1	7	1

+

12

	1	8	5
×	6	8	7

+

1

```
    1 7 3
×   5 7 7
```
+

2

```
    1 8 5
×   6 7 2
```
+

3

```
    8 9 1
×   3 9 8
```
+

4

```
    8 6 8
×   6 2 2
```
+

5

```
    1 1 0
×   5 0 1
```
+

6

```
    9 2 5
×   7 7 0
```
+

7

```
    4 1 4
×   1 8 9
```
+

8

```
    2 0 8
×   5 1 0
```
+

9

```
    4 1 0
×   6 0 5
```
+

10

```
    4 2 9
×   3 9 3
```
+

11

```
    2 4 4
×   7 4 9
```
+

12

```
    9 6 7
×   5 5 8
```
+

Steps for Long Division

Step 1: Ask: How many groups of 13 can I get out of 3? No way, it's too big! (So put a "0" above 3 as a placeholder)

Step 2: Look at the next place value combined with the last.
Ask: How many groups of 13 can I get out of 34? Tow times because 13 times 2 is 26.

Step 3: Multiply: 2 × 13 = 26.

Step 4: Subtract: 34 − 26 = 8.

Step 5: Bring down↓the next place value and repeat with Steps: 1 2 3 4 or find a Remainder.

	0	2	6	8
13)	3	4	9	6
−	2	6	↓	↓
		0	8	9
−			7	8
			1	1	6
−			1	0	4
			R	1	2

13) 3496 = 268 R 12

Multiplication Table

×	0	1	2	3	4	5	6	7	8	9
0	0	0	0	0	0	0	0	0	0	0
1	0	1	2	3	4	5	6	7	8	9
2	0	2	4	6	8	10	12	14	16	18
3	0	3	6	9	12	15	18	21	24	27
4	0	4	8	12	16	20	24	28	32	36
5	0	5	10	15	20	25	30	35	40	45
6	0	6	12	18	24	30	36	42	48	54
7	0	7	14	21	28	35	42	49	56	63
8	0	8	16	24	32	40	48	56	64	72
9	0	9	18	27	36	45	54	63	72	81

DIVISION MAN

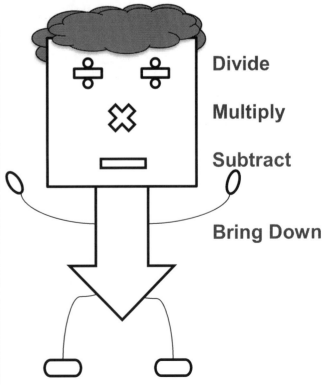

Divide

Multiply

Subtract

Bring Down

1.
```
      4 7
   2 ) 9 4
   -  8 ↓
      1 4
   -  1 4
   R    0
```

2.
```
   2 ) 6 2
   -      ↓
   -
   R
```

3.
```
   3 ) 7 2
   -      ↓
   -
   R
```

4.
```
   3 ) 7 5
   -      ↓
   -
   R
```

5.
```
   2 ) 6 8
   -      ↓
   -
   R
```

6.
```
   3 ) 7 2
   -      ↓
   -
   R
```

7.
```
   2 ) 8 2
   -      ↓
   -
   R
```

8.
```
   3 ) 6 9
   -      ↓
   -
   R
```

9.
```
   2 ) 7 6
   -      ↓
   -
   R
```

10.
```
   3 ) 6 0
   -      ↓
   -
   R
```

11.
```
   3 ) 8 4
   -      ↓
   -
   R
```

12.
```
   3 ) 8 7
   -      ↓
   -
   R
```

13.
```
   3 ) 9 0
   -      ↓
   -
   R
```

14.
```
   3 ) 7 2
   -      ↓
   -
   R
```

15.
```
   2 ) 9 4
   -      ↓
   -
   R
```

16.
```
   2 ) 9 0
   -      ↓
   -
   R
```

17.
```
   2 ) 7 8
   -      ↓
   -
   R
```

18.
```
   2 ) 9 8
   -      ↓
   -
   R
```

19.
```
   3 ) 9 3
   -      ↓
   -
   R
```

20.
```
   3 ) 6 3
   -      ↓
   -
   R
```

1   3) 4 8   − ↓   −   R

2   3) 6 9   − ↓   −   R

3   3) 9 9   − ↓   −   R

4   2) 8 6   − ↓   −   R

5   3) 5 4   − ↓   −   R

6   2) 4 8   − ↓   −   R

7   3) 6 0   − ↓   −   R

8   3) 7 2   − ↓   −   R

9   4) 4 8   − ↓   −   R

10   4) 8 0   − ↓   −   R

11   4) 6 8   − ↓   −   R

12   2) 7 4   − ↓   −   R

13   2) 5 4   − ↓   −   R

14   4) 7 2   − ↓   −   R

15   4) 6 4   − ↓   −   R

16   2) 7 8   − ↓   −   R

17   3) 9 0   − ↓   −   R

18   4) 5 6   − ↓   −   R

19   3) 4 8   − ↓   −   R

20   2) 6 2   − ↓   −   R

1. $5)\overline{7\,0}$

2. $5)\overline{8\,5}$

3. $5)\overline{7\,5}$

4. $5)\overline{9\,0}$

5. $5)\overline{9\,0}$

6. $6)\overline{9\,6}$

7. $4)\overline{8\,8}$

8. $6)\overline{7\,2}$

9. $6)\overline{9\,0}$

10. $4)\overline{8\,0}$

11. $5)\overline{7\,0}$

12. $5)\overline{7\,5}$

13. $6)\overline{7\,2}$

14. $6)\overline{6\,6}$

15. $6)\overline{7\,8}$

16. $6)\overline{8\,4}$

17. $5)\overline{8\,0}$

18. $4)\overline{7\,6}$

19. $5)\overline{8\,0}$

20. $4)\overline{6\,8}$

1. 6)78
2. 7)84
3. 6)84
4. 6)78
5. 6)90
6. 7)84
7. 5)95
8. 5)95
9. 5)90
10. 5)85
11. 5)95
12. 6)84
13. 7)91
14. 7)77
15. 5)90
16. 7)77
17. 7)77
18. 5)85
19. 7)84
20. 6)84

1. 7) 9 1 − ↓ − R

2. 6) 7 8 − ↓ − R

3. 8) 8 8 − ↓ − R

4. 8) 9 6 − ↓ − R

5. 7) 9 1 − ↓ − R

6. 7) 9 8 − ↓ − R

7. 8) 8 0 − ↓ − R

8. 6) 7 8 − ↓ − R

9. 7) 8 4 − ↓ − R

10. 7) 9 1 − ↓ − R

11. 7) 7 7 − ↓ − R

12. 7) 9 1 − ↓ − R

13. 7) 8 4 − ↓ − R

14. 8) 8 0 − ↓ − R

15. 8) 8 0 − ↓ − R

16. 8) 8 8 − ↓ − R

17. 7) 9 1 − ↓ − R

18. 7) 8 4 − ↓ − R

19. 6) 8 4 − ↓ − R

20. 6) 9 0 − ↓ − R

1 — 3)98 − ↓ − R

2 — 3)81 − ↓ − R

3 — 3)51 − ↓ − R

4 — 2)46 − ↓ − R

5 — 2)91 − ↓ − R

6 — 2)56 − ↓ − R

7 — 2)57 − ↓ − R

8 — 3)85 − ↓ − R

9 — 3)52 − ↓ − R

10 — 3)88 − ↓ − R

11 — 2)97 − ↓ − R

12 — 3)45 − ↓ − R

13 — 3)77 − ↓ − R

14 — 3)61 − ↓ − R

15 — 2)76 − ↓ − R

16 — 3)55 − ↓ − R

17 — 2)87 − ↓ − R

18 — 2)72 − ↓ − R

19 — 2)81 − ↓ − R

20 — 2)48 − ↓ − R

1. 4) 6 5 — R

2. 3) 9 4 — R

3. 3) 6 3 — R

4. 3) 6 1 — R

5. 3) 7 8 — R

6. 3) 7 1 — R

7. 4) 7 8 — R

8. 3) 7 3 — R

9. 3) 6 8 — R

10. 3) 5 8 — R

11. 3) 9 6 — R

12. 3) 5 7 — R

13. 2) 6 4 — R

14. 2) 9 7 — R

15. 3) 7 0 — R

16. 3) 6 5 — R

17. 2) 5 1 — R

18. 2) 7 1 — R

19. 3) 6 9 — R

20. 3) 6 6 — R

61

1   5)97   R

2   5)90   R

3   6)72   R

4   4)93   R

5   6)77   R

6   5)89   R

7   4)80   R

8   6)89   R

9   5)84   R

10   5)93   R

11   5)92   R

12   6)85   R

13   5)86   R

14   4)72   R

15   6)88   R

16   6)71   R

17   4)91   R

18   6)76   R

19   5)77   R

20   5)82   R

1. 6)79 − − R

2. 5)79 − − R

3. 6)85 − − R

4. 7)92 − − R

5. 6)83 − − R

6. 6)92 − − R

7. 5)80 − − R

8. 7)89 − − R

9. 7)90 − − R

10. 6)98 − − R

11. 7)91 − − R

12. 7)79 − − R

13. 6)89 − − R

14. 6)95 − − R

15. 6)86 − − R

16. 5)85 − − R

17. 6)80 − − R

18. 7)84 − − R

19. 6)82 − − R

20. 7)82 − − R

1 $7\overline{)92}$

2 $7\overline{)98}$

3 $6\overline{)90}$

4 $7\overline{)95}$

5 $7\overline{)94}$

6 $6\overline{)97}$

7 $7\overline{)93}$

8 $8\overline{)91}$

9 $6\overline{)92}$

10 $8\overline{)95}$

11 $7\overline{)99}$

12 $7\overline{)91}$

13 $6\overline{)98}$

14 $7\overline{)96}$

15 $8\overline{)89}$

16 $8\overline{)94}$

17 $7\overline{)89}$

18 $6\overline{)93}$

19 $7\overline{)97}$

20 $8\overline{)92}$

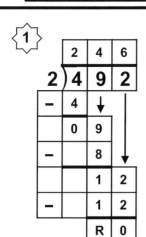

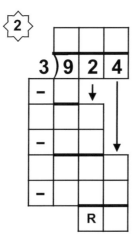

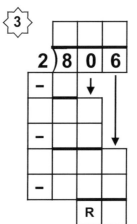

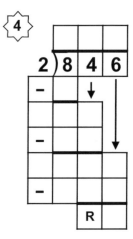

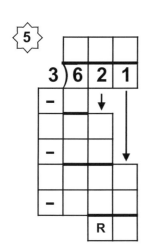

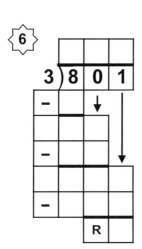

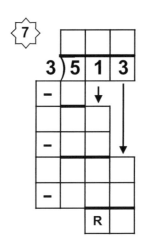

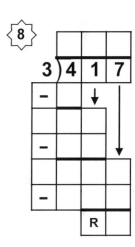

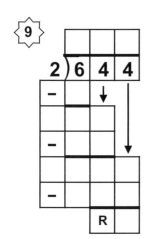

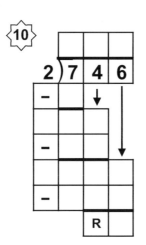

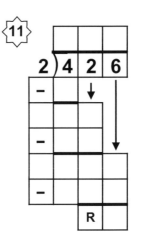

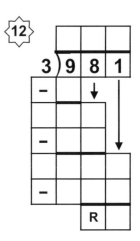

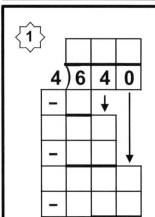

1. 4)640

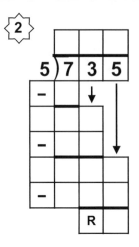

2. 5)735

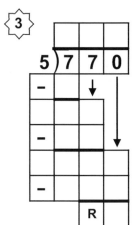

3. 5)770

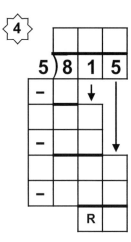

4. 5)815

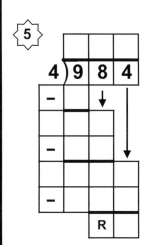

5. 4)984

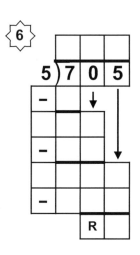

6. 5)705

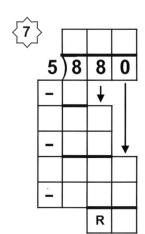

7. 5)880

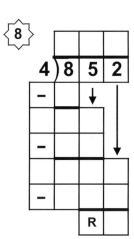

8. 4)852

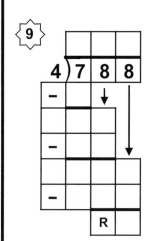

9. 4)788

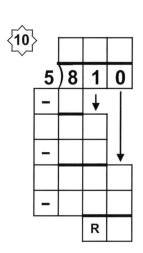

10. 5)810

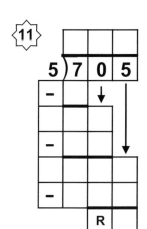

11. 5)705

12. 5)650

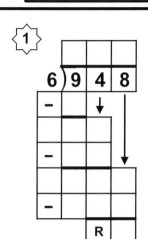

1. $6 \overline{)948}$

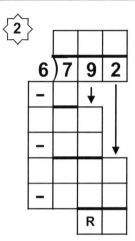

2. $6 \overline{)792}$

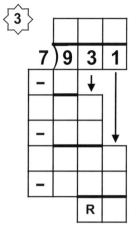

3. $7 \overline{)931}$

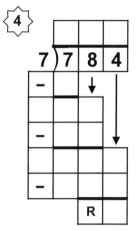

4. $7 \overline{)784}$

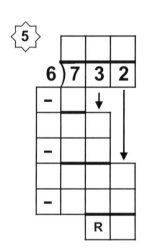

5. $6 \overline{)732}$

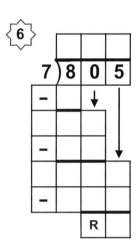

6. $7 \overline{)805}$

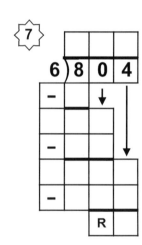

7. $6 \overline{)804}$

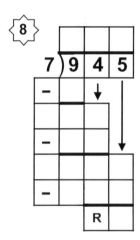

8. $7 \overline{)945}$

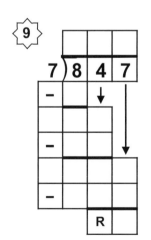

9. $7 \overline{)847}$

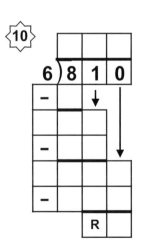

10. $6 \overline{)810}$

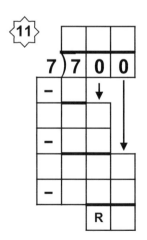

11. $7 \overline{)700}$

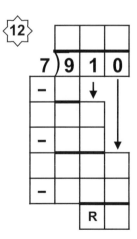

12. $7 \overline{)910}$

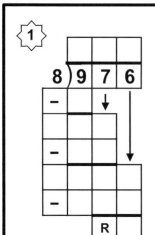

1. 8) 9 7 6

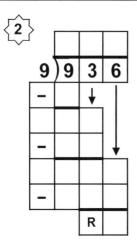

2. 9) 9 3 6

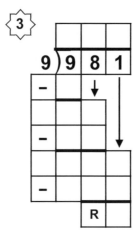

3. 9) 9 8 1

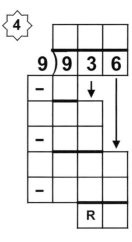

4. 9) 9 3 6

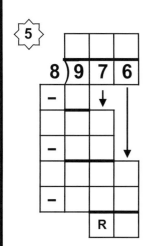

5. 8) 9 7 6

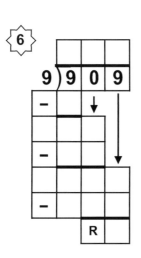

6. 9) 9 0 9

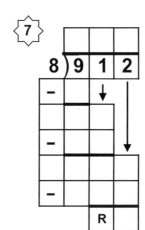

7. 8) 9 1 2

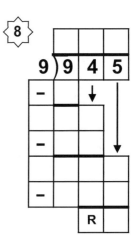

8. 9) 9 4 5

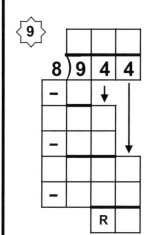

9. 8) 9 4 4

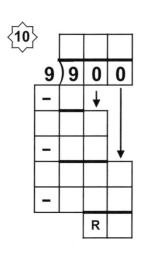

10. 9) 9 0 0

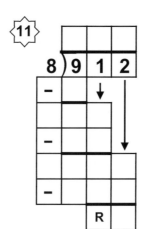

11. 8) 9 1 2

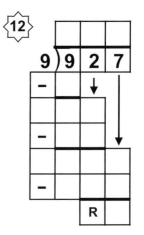

12. 9) 9 2 7

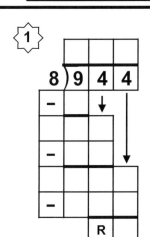

1. 8) 9 4 4

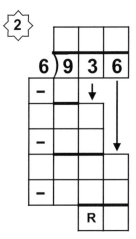

2. 6) 9 3 6

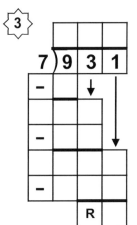

3. 7) 9 3 1

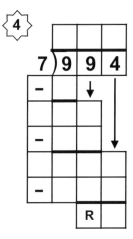

4. 7) 9 9 4

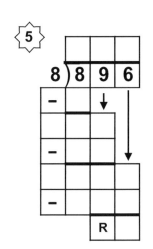

5. 8) 8 9 6

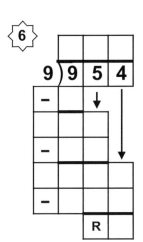

6. 9) 9 5 4

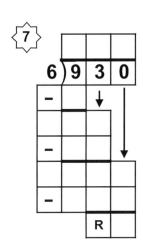

7. 6) 9 3 0

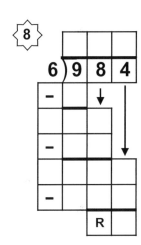

8. 6) 9 8 4

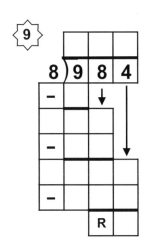

9. 8) 9 8 4

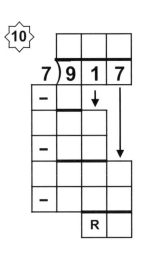

10. 7) 9 1 7

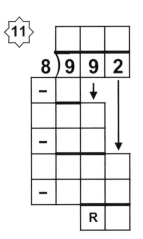

11. 8) 9 9 2

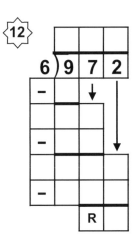

12. 6) 9 7 2

1   2) 9 1 0

2   3) 4 0 0

3   2) 5 5 7

4   2) 8 8 2

5   3) 6 8 3

6   3) 3 5 1

7   2) 9 6 3

8   2) 5 8 2

9   3) 3 0 9

10   2) 9 8 8

11   3) 3 1 9

12   2) 5 6 9

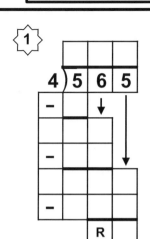

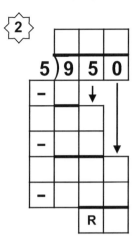

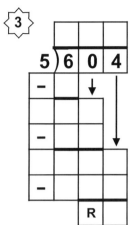

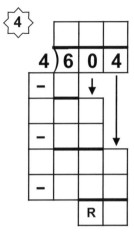

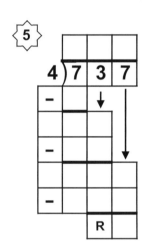

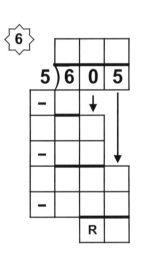

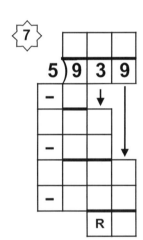

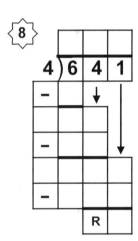

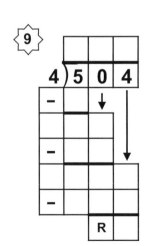

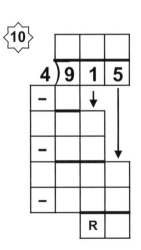

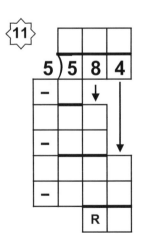

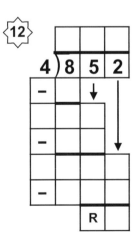

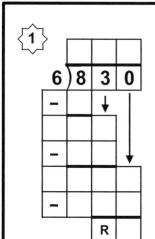

1. 6)830

2. 6)777

3. 7)866

4. 7)802

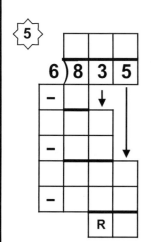

5. 6)835

6. 6)866

7. 6)848

8. 7)936

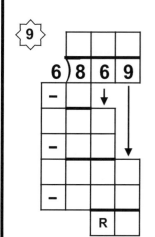

9. 6)869

10. 6)709

11. 6)984

12. 6)813

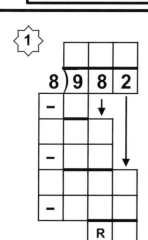 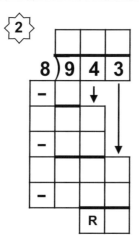 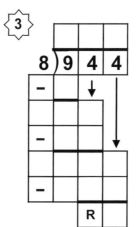 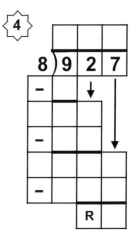

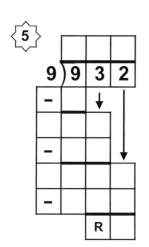 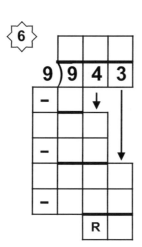 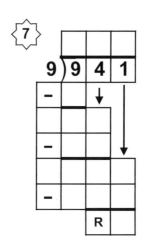 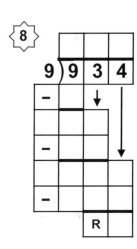

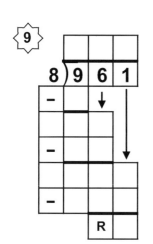 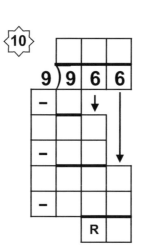 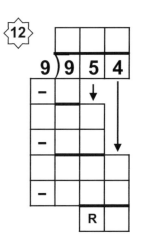

1 8)965

2 7)917

3 6)972

4 7)973

5 9)941

6 6)920

7 8)962

8 7)902

9 9)970

10 9)993

11 6)907

12 7)976

74

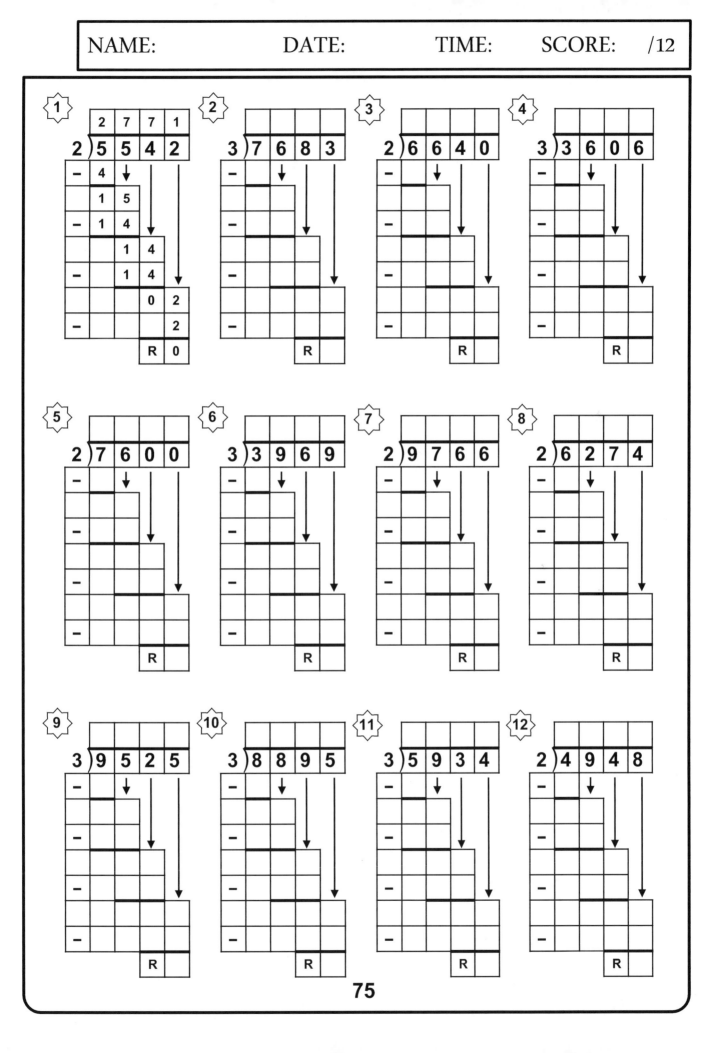

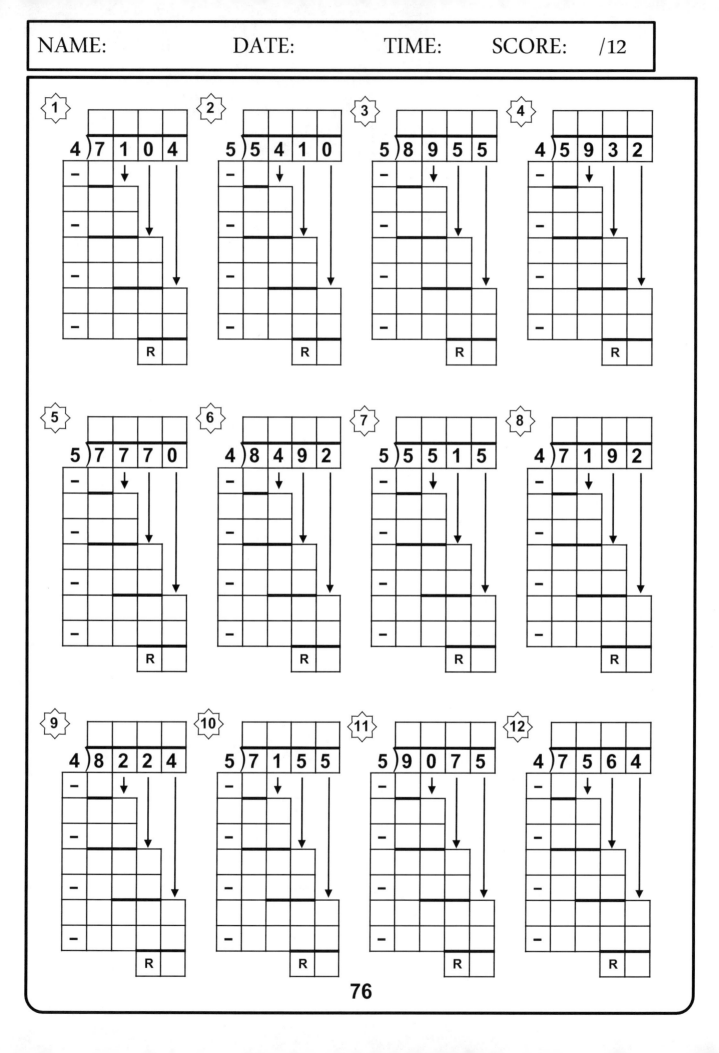

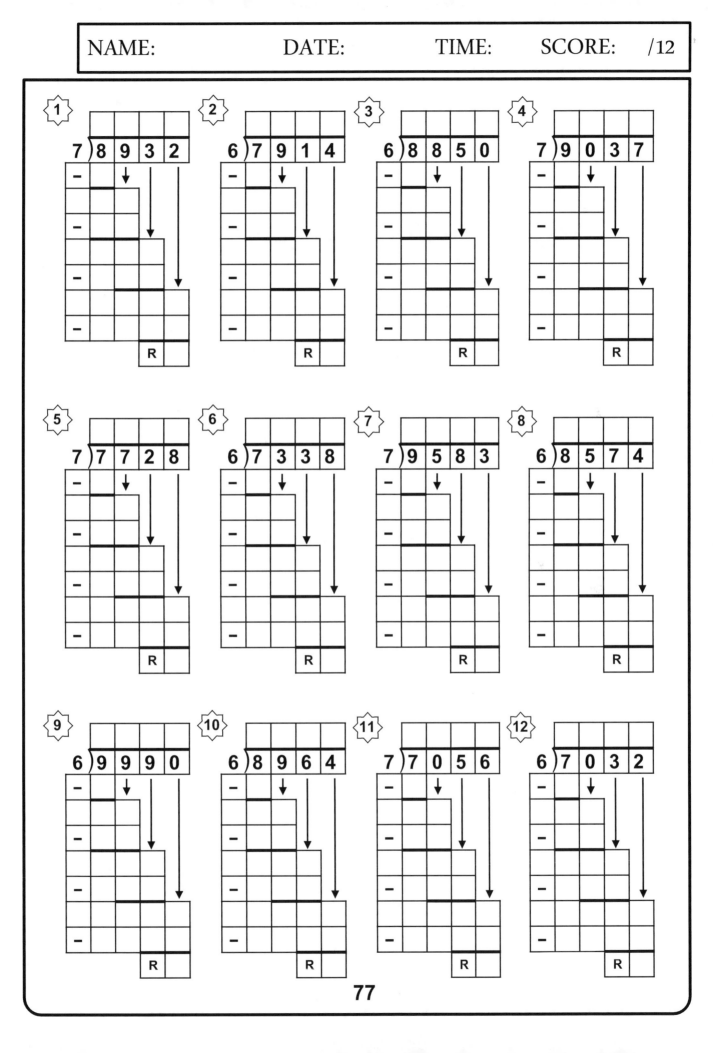

1. 7)8932
2. 6)7914
3. 6)8850
4. 7)9037
5. 7)7728
6. 6)7338
7. 7)9583
8. 6)8574
9. 6)9990
10. 6)8964
11. 7)7056
12. 6)7032

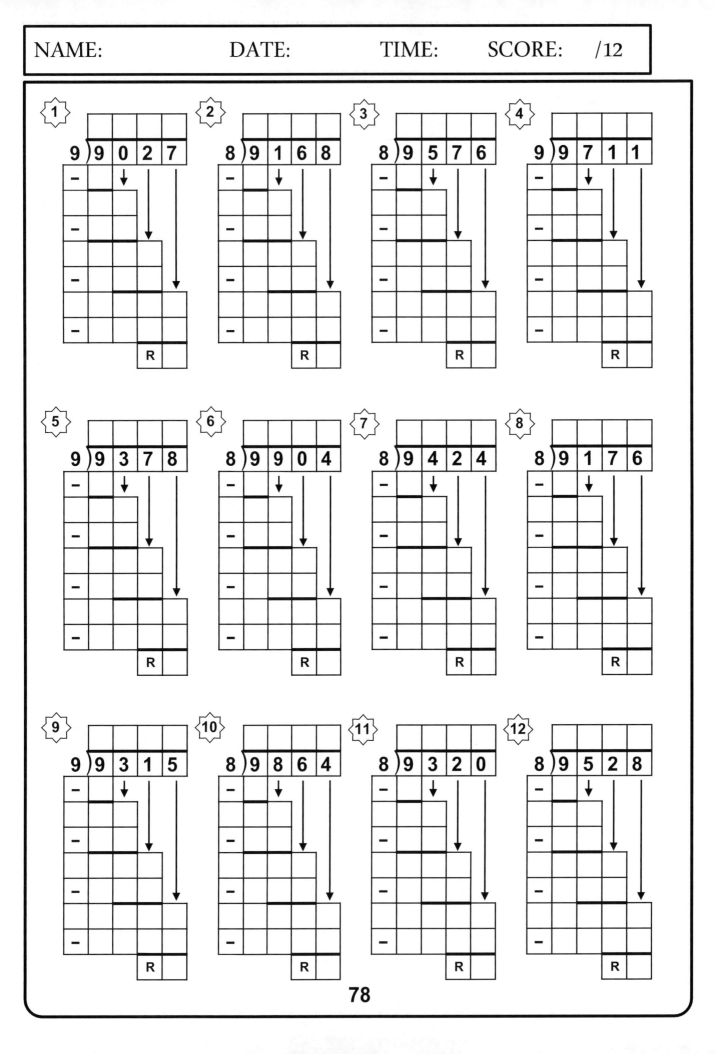

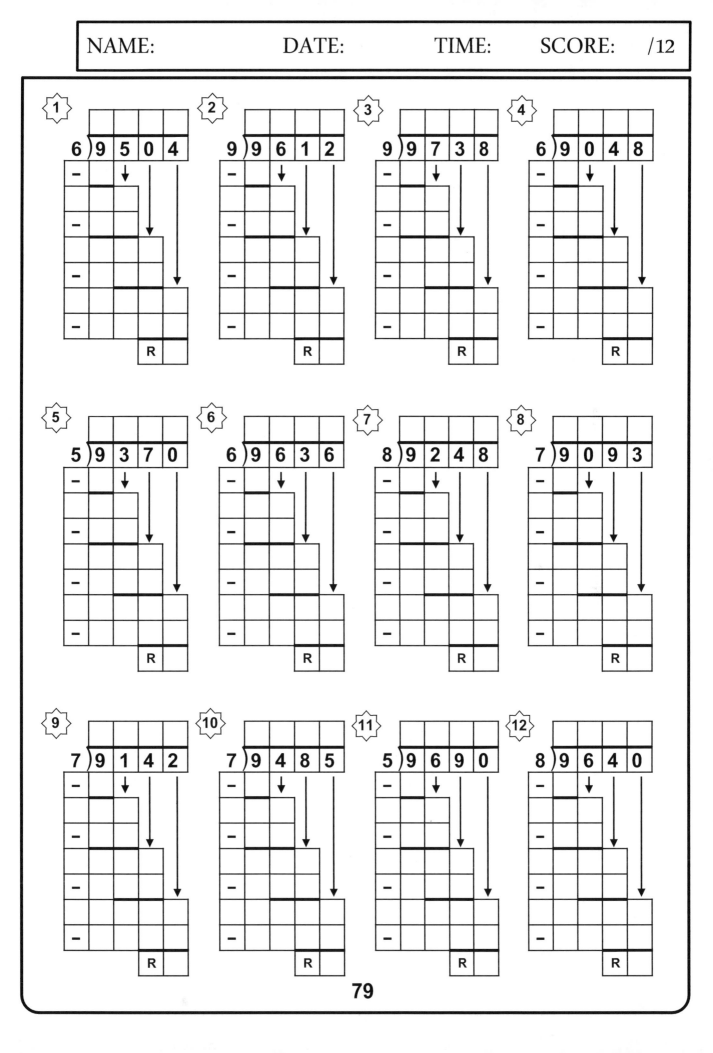

1. 6)9 5 0 4

2. 9)9 6 1 2

3. 9)9 7 3 8

4. 6)9 0 4 8

5. 5)9 3 7 0

6. 6)9 6 3 6

7. 8)9 2 4 8

8. 7)9 0 9 3

9. 7)9 1 4 2

10. 7)9 4 8 5

11. 5)9 6 9 0

12. 8)9 6 4 0

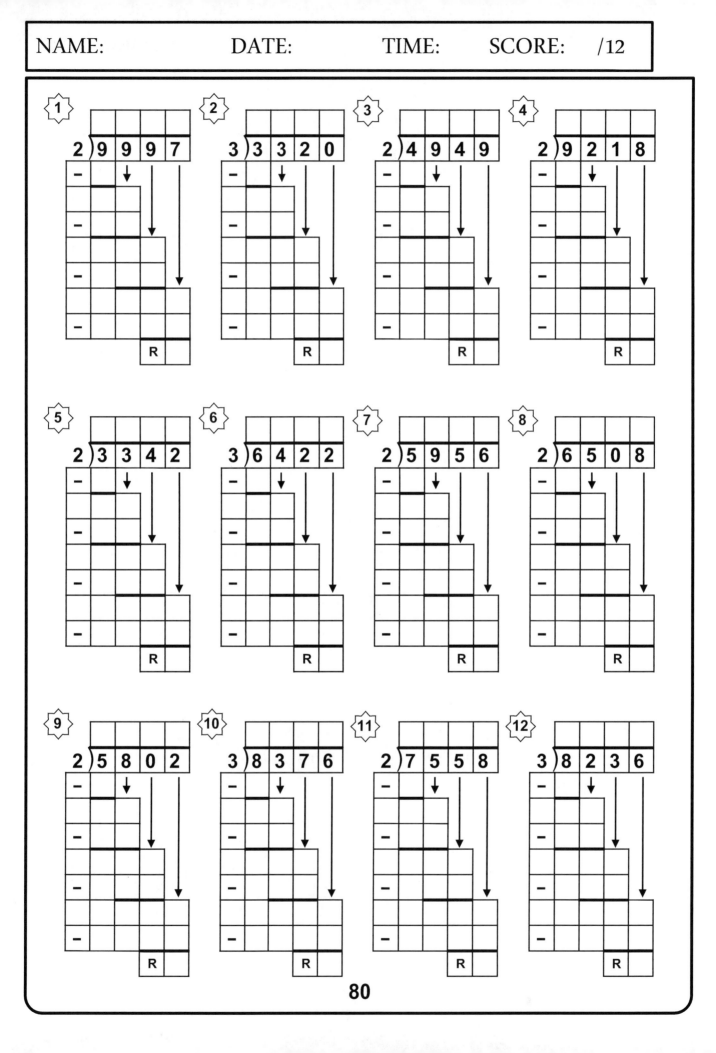

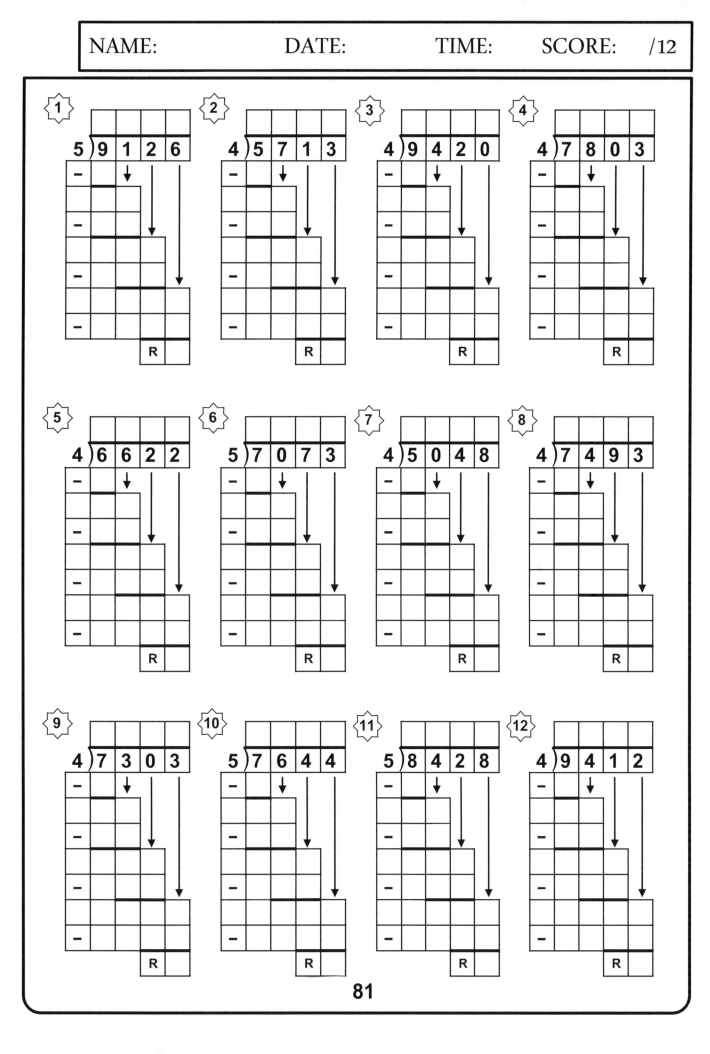

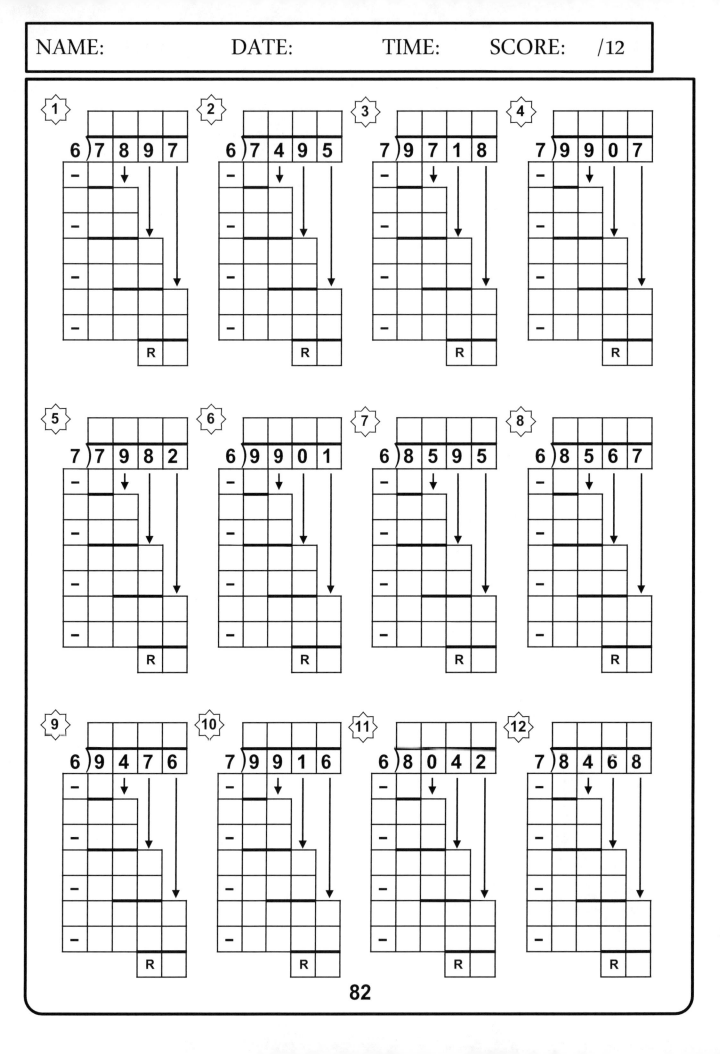

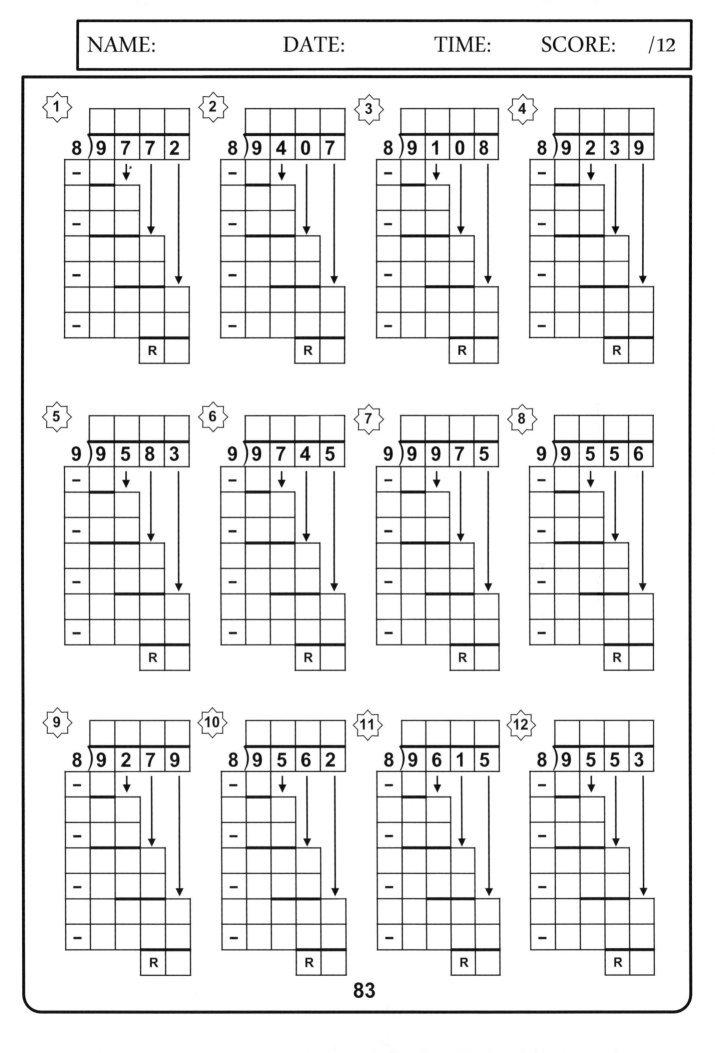

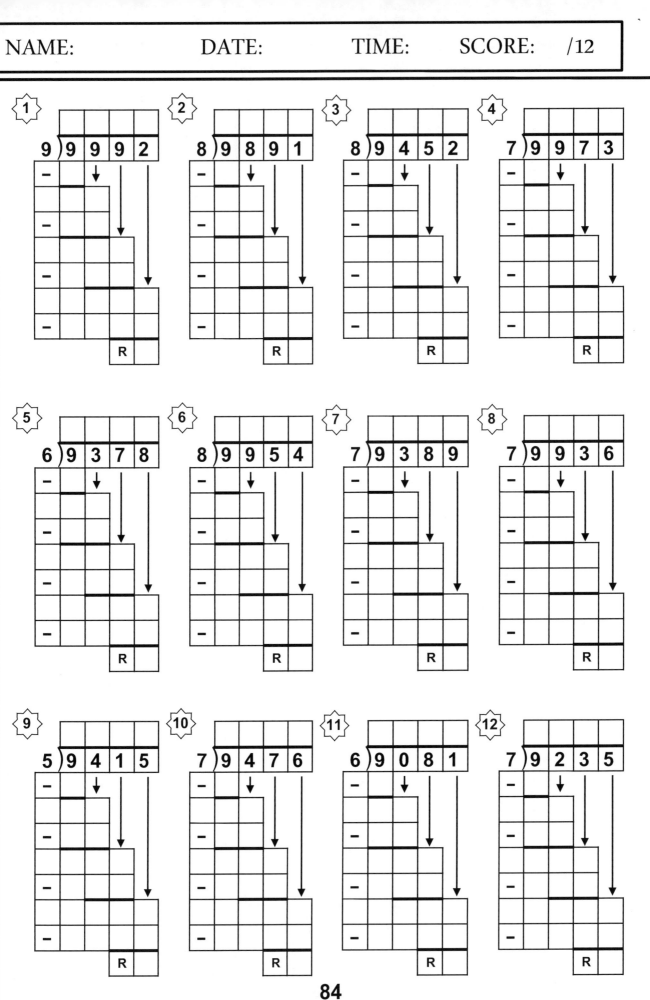

1. 9)9 9 9 2
2. 8)9 8 9 1
3. 8)9 4 5 2
4. 7)9 9 7 3
5. 6)9 3 7 8
6. 8)9 9 5 4
7. 7)9 3 8 9
8. 7)9 9 3 6
9. 5)9 4 1 5
10. 7)9 4 7 6
11. 6)9 0 8 1
12. 7)9 2 3 5

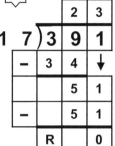

1

```
        2  3
17)3  9  1
  - 3  4  ↓
        5  1
      - 5  1
      R     0
```

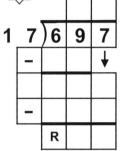

2

```
17)6  9  7
 -        ↓

 -
 R
```

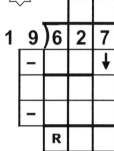

3

```
19)6  2  7
 -        ↓

 -
 R
```

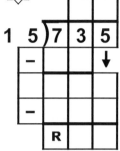

4

```
15)7  3  5
 -        ↓

 -
 R
```

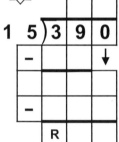

5

```
15)3  9  0
 -        ↓

 -
 R
```

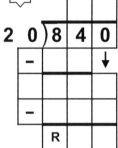

6

```
20)8  4  0
 -        ↓

 -
 R
```

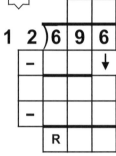

7

```
12)6  9  6
 -        ↓

 -
 R
```

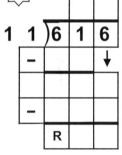

8

```
11)6  1  6
 -        ↓

 -
 R
```

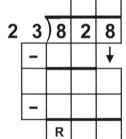

9

```
23)8  2  8
 -        ↓

 -
 R
```

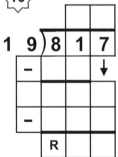

10

```
19)8  1  7
 -        ↓

 -
 R
```

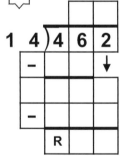

11

```
14)4  6  2
 -        ↓

 -
 R
```

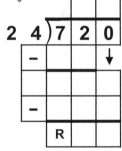

12

```
24)7  2  0
 -        ↓

 -
 R
```

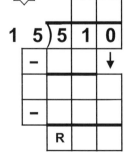

13

```
15)5  1  0
 -        ↓

 -
 R
```

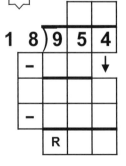

14

```
18)9  5  4
 -        ↓

 -
 R
```

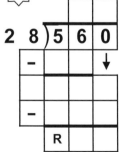

15

```
28)5  6  0
 -        ↓

 -
 R
```

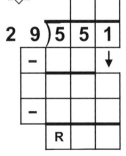

16

```
29)5  5  1
 -        ↓

 -
 R
```

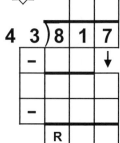

1   4 3)8 1 7

2   4 0)9 6 0

3   4 5)9 0 0

4   3 1)8 6 8

5   3 1)7 1 3

6   3 4)7 1 4

7   4 2)5 8 8

8   5 5)7 1 5

9   5 2)6 7 6

10   4 9)6 3 7

11   4 6)8 2 8

12   5 7)8 5 5

13   4 4)5 7 2

14   5 0)9 5 0

15   3 4)5 7 8

16   5 2)6 2 4

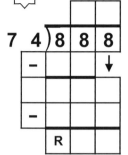 7 4) 8 8 8

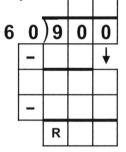 6 0) 9 0 0

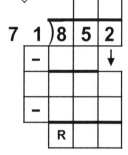 7 1) 8 5 2

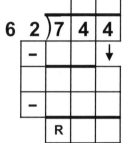 6 2) 7 4 4

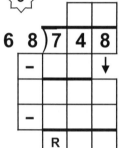 6 8) 7 4 8

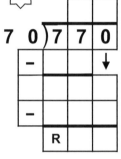 7 0) 7 7 0

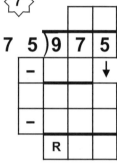 7 5) 9 7 5

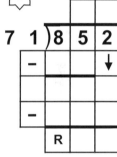 7 1) 8 5 2

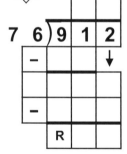 7 6) 9 1 2

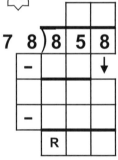 7 8) 8 5 8

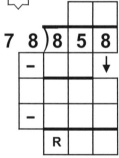 7 8) 8 5 8

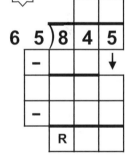 6 5) 8 4 5

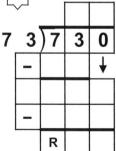 7 3) 7 3 0

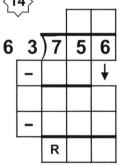 6 3) 7 5 6

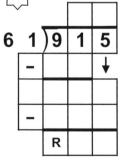 6 1) 9 1 5

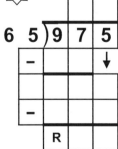 6 5) 9 7 5

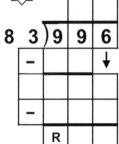

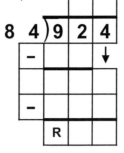

1. 83)996

2. 84)924

3. 81)972

4. 85)935

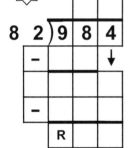
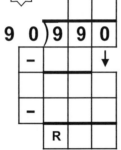
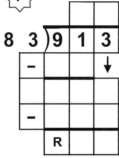
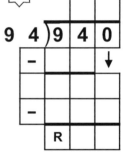

5. 82)984

6. 90)990

7. 83)913

8. 94)940

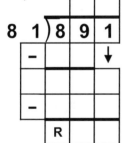
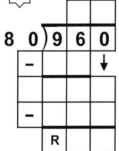
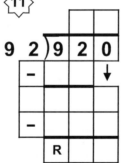
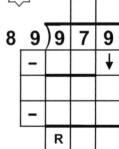

9. 81)891

10. 80)960

11. 92)920

12. 89)979

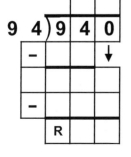
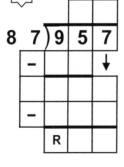
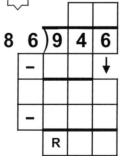
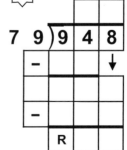

13. 94)940

14. 87)957

15. 86)946

16. 79)948

1 9 2) 9 2 0

2 7 6) 9 8 8

3 9 8) 9 8 0

4 6 3) 9 4 5

5 6 1) 9 7 6

6 6 5) 9 7 5

7 8 9) 9 7 9

8 5 9) 9 4 4

9 5 8) 9 8 6

10 5 2) 9 8 8

11 5 4) 9 7 2

12 8 1) 9 7 2

13 5 6) 9 5 2

14 9 8) 9 8 0

15 5 6) 9 5 2

16 6 1) 9 7 6

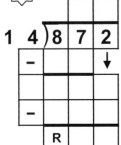

1) 14) 8 7 2

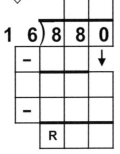

2) 16) 8 8 0

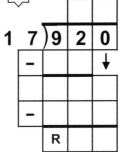

3) 17) 9 2 0

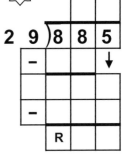

4) 29) 8 8 5

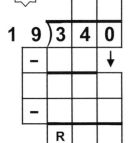

5) 19) 3 4 0

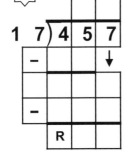

6) 17) 4 5 7

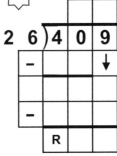

7) 26) 4 0 9

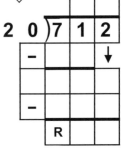

8) 20) 7 1 2

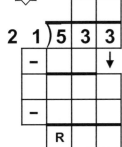

9) 21) 5 3 3

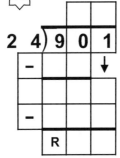

10) 24) 9 0 1

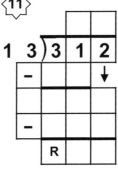

11) 13) 3 1 2

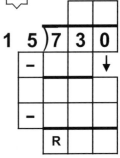

12) 15) 7 3 0

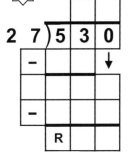

13) 27) 5 3 0

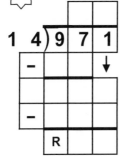

14) 14) 9 7 1

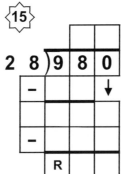

15) 28) 9 8 0

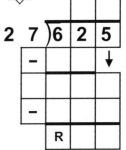

16) 27) 6 2 5

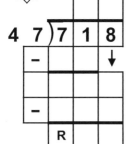 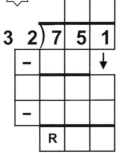 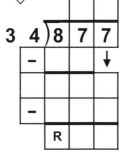 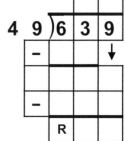

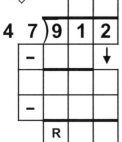 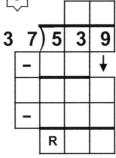 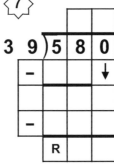 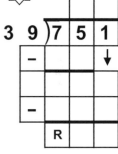

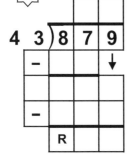 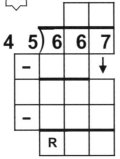 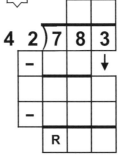 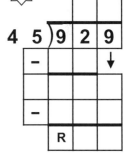

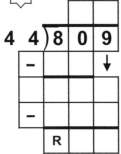 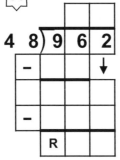 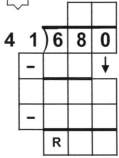 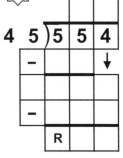

1. 55)833
2. 65)890
3. 64)736
4. 56)774

5. 57)834
6. 53)914
7. 63)811
8. 61)913

9. 54)996
10. 69)889
11. 61)987
12. 61)731

13. 68)868
14. 51)778
15. 69)701
16. 63)943

1 72) 9 7 2

2 79) 9 0 9

3 89) 9 1 6

4 83) 9 9 8

5 86) 9 8 9

6 85) 9 9 2

7 72) 9 1 2

8 84) 9 8 6

9 74) 8 9 0

10 86) 9 1 0

11 87) 9 7 6

12 85) 9 3 5

13 84) 9 0 8

14 79) 9 3 4

15 71) 9 1 9

16 74) 9 2 6

1 9 5)9 9 3

2 9 1)9 9 6

3 9 3)9 9 1

4 9 3)9 9 4

5 9 3)9 9 3

6 9 5)9 9 0

7 9 9)9 9 1

8 9 4)9 9 3

9 9 1)9 9 4

10 9 5)9 9 2

11 9 0)9 9 3

12 9 6)9 9 5

13 9 2)9 9 2

14 9 5)9 9 8

15 9 7)9 9 6

16 9 2)9 9 0

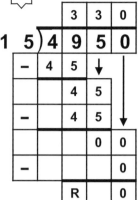

1.
```
        3  3  0
1  5) 4  9  5  0
   -  4  5  ↓
         4  5
   -     4  5
            0  0
   -        0
         R     0
```

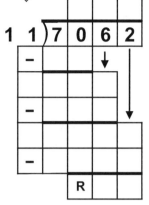

2.
```
1  1) 7  0  6  2
   -        ↓
   -
   -
      R
```

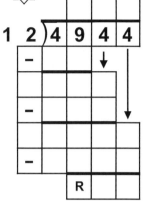

3.
```
1  2) 4  9  4  4
   -        ↓
   -
   -
      R
```

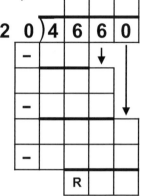

4.
```
2  0) 4  6  6  0
   -        ↓
   -
   -
      R
```

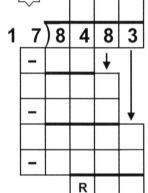

5.
```
1  7) 8  4  8  3
   -        ↓
   -
   -
      R
```

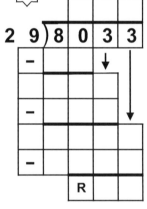

6.
```
2  9) 8  0  3  3
   -        ↓
   -
   -
      R
```

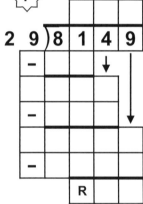

7.
```
2  9) 8  1  4  9
   -        ↓
   -
   -
      R
```

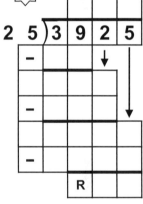

8.
```
2  5) 3  9  2  5
   -        ↓
   -
   -
      R
```

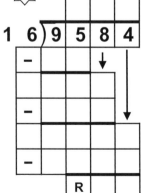

9.
```
1  6) 9  5  8  4
   -        ↓
   -
   -
      R
```

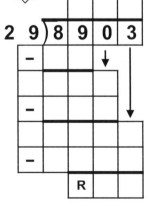

10.
```
2  9) 8  9  0  3
   -        ↓
   -
   -
      R
```

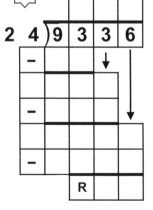

11.
```
2  4) 9  3  3  6
   -        ↓
   -
   -
      R
```

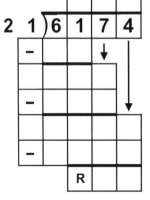

12.
```
2  1) 6  1  7  4
   -        ↓
   -
   -
      R
```

1 — 47) 9 6 3 5

2 — 32) 5 7 2 8

3 — 49) 8 9 6 7

4 — 30) 9 5 4 0

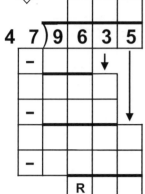
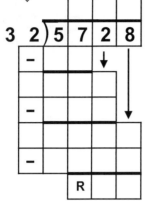
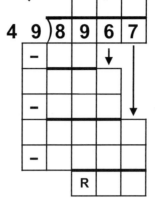
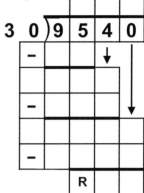

5 — 48) 8 2 0 8

6 — 44) 8 9 3 2

7 — 36) 6 0 8 4

8 — 31) 5 5 4 9

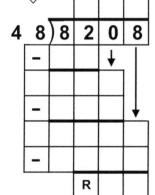
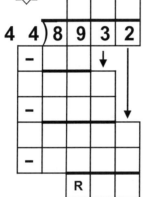
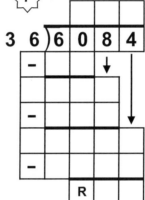
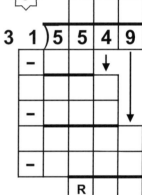

9 — 47) 9 4 0 0

10 — 35) 7 5 2 5

11 — 35) 9 0 3 0

12 — 32) 8 6 0 8

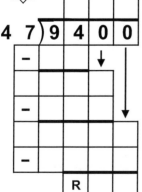
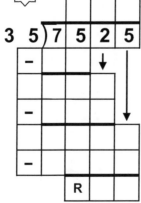
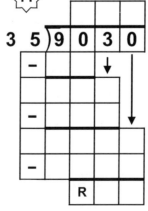

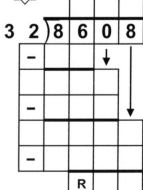

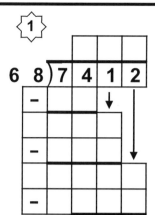

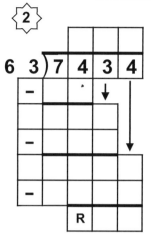

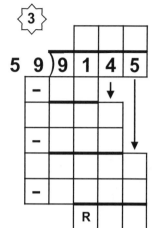

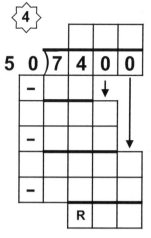

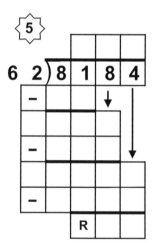

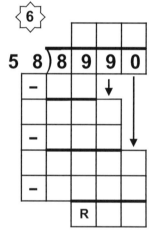

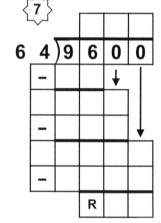

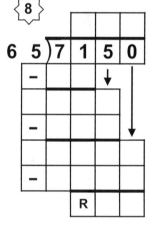

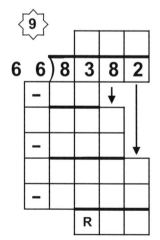

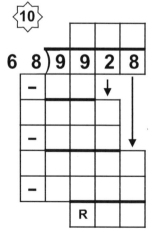

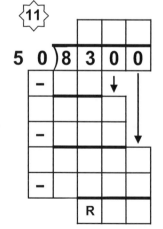

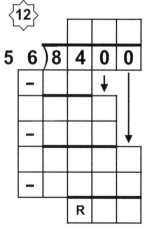

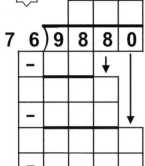

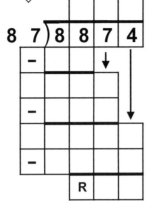

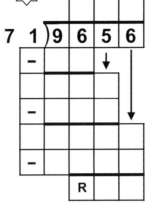

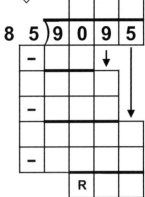

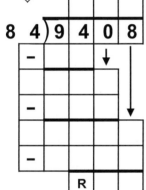

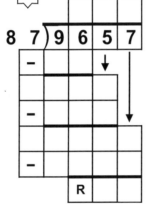

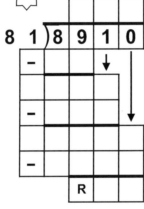

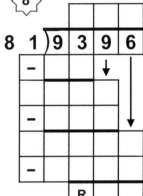

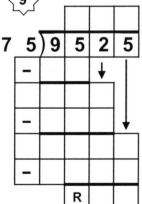

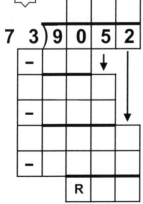

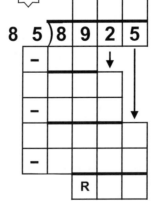

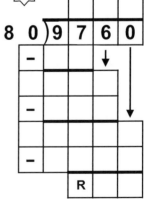

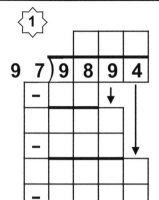

1. 9 7) 9 8 9 4

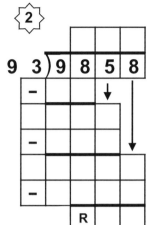

2. 9 3) 9 8 5 8

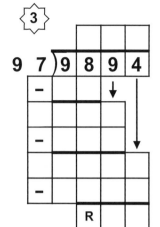

3. 9 7) 9 8 9 4

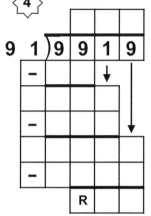

4. 9 1) 9 9 1 9

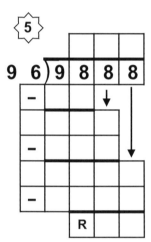

5. 9 6) 9 8 8 8

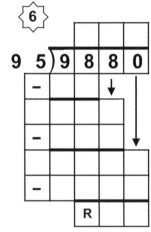

6. 9 5) 9 8 8 0

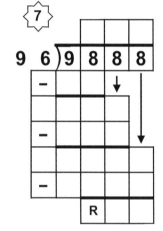

7. 9 6) 9 8 8 8

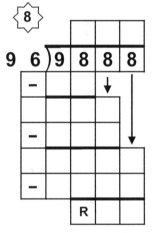

8. 9 6) 9 8 8 8

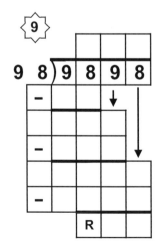

9. 9 8) 9 8 9 8

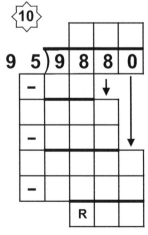

10. 9 5) 9 8 8 0

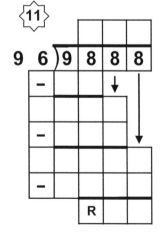

11. 9 6) 9 8 8 8

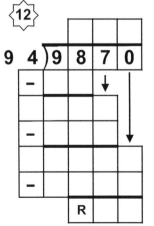

12. 9 4) 9 8 7 0

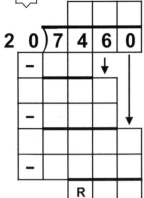
1. 20)7460

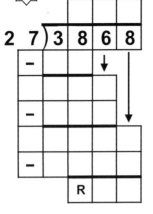
2. 27)3868

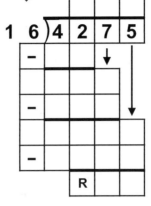
3. 16)4275

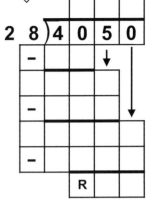
4. 28)4050

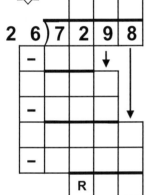
5. 26)7298

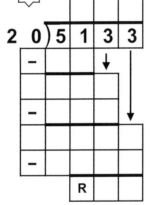
6. 20)5133

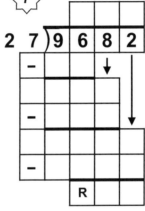
7. 27)9682

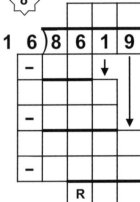
8. 16)8619

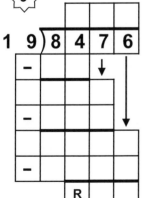
9. 19)8476

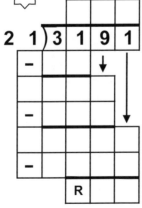
10. 21)3191

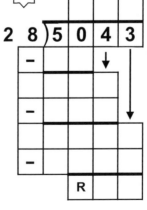
11. 28)5043

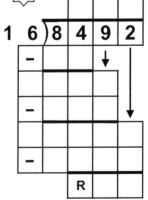
12. 16)8492

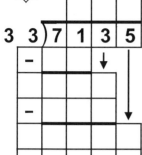 1. 33)7135

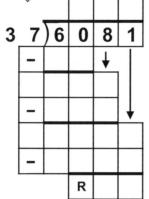 2. 37)6081

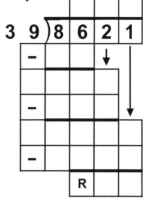 3. 39)8621

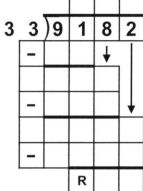 4. 33)9182

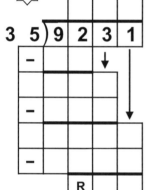 5. 35)9231

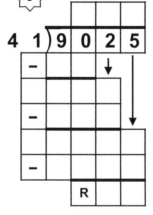 6. 41)9025

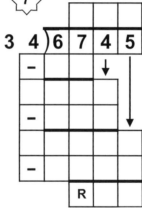 7. 34)6745

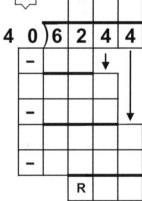 8. 40)6244

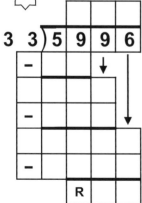 9. 33)5996

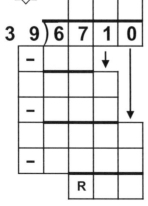 10. 39)6710

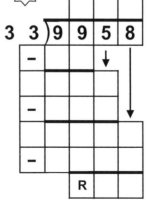 11. 33)9958

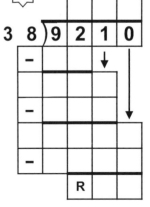 12. 38)9210

52)7496
 67)8400
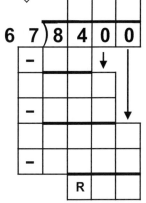 52)7211
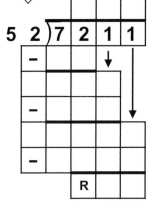 54)7946

 68)7799
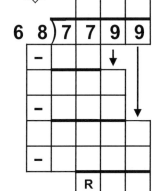 68)8331
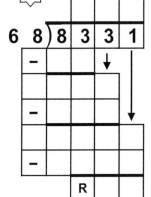 50)9731
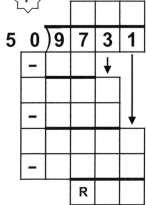 52)8064

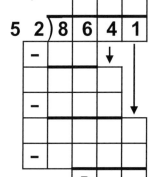 52)8641
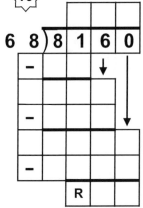 68)8160
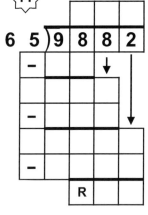 65)9882
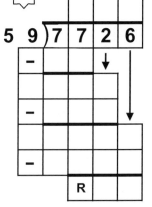 59)7726

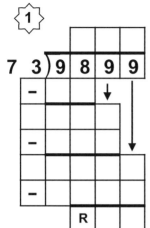

1　7 3) 9 8 9 9

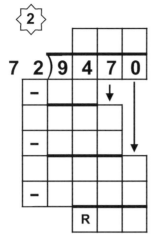

2　7 2) 9 4 7 0

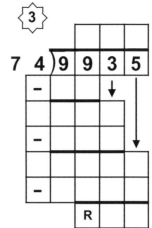

3　7 4) 9 9 3 5

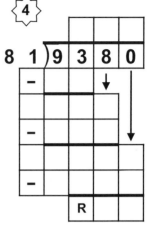

4　8 1) 9 3 8 0

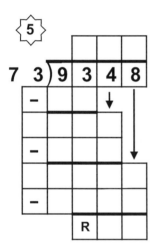

5　7 3) 9 3 4 8

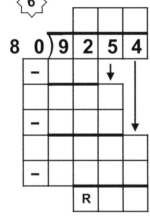

6　8 0) 9 2 5 4

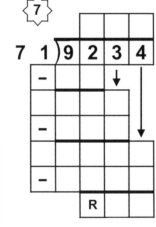

7　7 1) 9 2 3 4

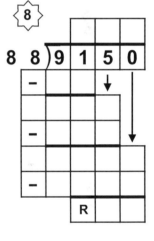

8　8 8) 9 1 5 0

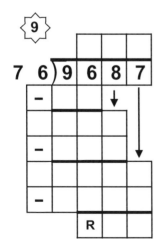

9　7 6) 9 6 8 7

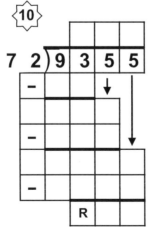

10　7 2) 9 3 5 5

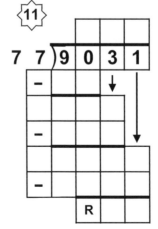

11　7 7) 9 0 3 1

12　7 3) 9 5 5 4

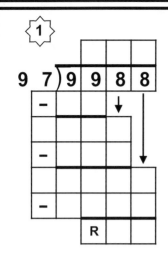

1. 97)9988

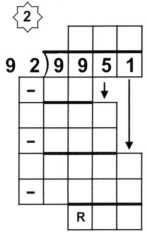

2. 92)9951

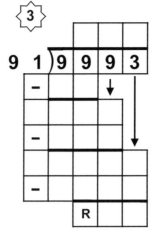

3. 91)9993

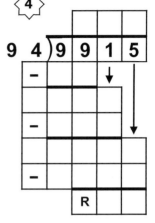

4. 94)9915

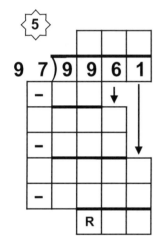

5. 97)9961

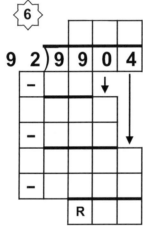

6. 92)9904

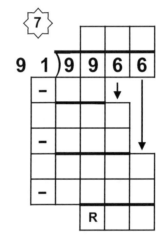

7. 91)9966

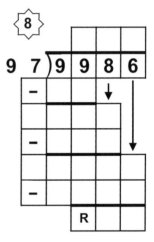

8. 97)9986

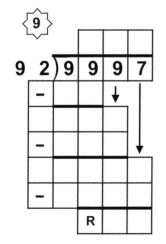

9. 92)9997

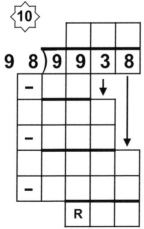

10. 98)9938

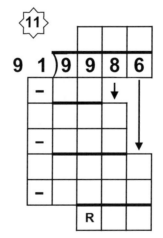

11. 91)9986

12. 91)9932

Answer keys:

4	5	6	7	8	9	10	11	12	13
1)1357	1)2744	1)5520	1)3835	1)2380	1)1365	1)341	1)2133	1)2820	1)4200
2)4752	2)1025	2)3300	2)2340	2)1840	2)798	2)1760	2)2520	2)1258	2)3648
3)1768	3)728	3)2241	3)7216	3)1755	3)936	3)4508	3)1422	3)1863	3)6557
4)4984	4)1955	4)728	4)496	4)2610	4)7254	4)8280	4)1134	4)1862	4)3430
5)6786	5)1674	5)936	5)957	5)6552	5)1064	5)2128	5)1920	5)4450	5)756
6)2232	6)1375	6)1536	6)7068	6)306	6)5376	6)5624	6)1274	6)1680	6)779
7)1550	7)2960	7)2580	7)3740	7)5256	7)3162	7)9021	7)4346	7)3136	7)5152
8)1978	8)3128	8)2176	8)1455	8)5358	8)2376	8)6831	8)3111	8)8188	8)4557
9)1232	9)6794	9)2948	9)8544	9)1602	9)4158	9)4608	9)693	9)1890	9)3948
10)1700	10)1638	10)4503	10)3713	10)648	10)3007	10)2133	10)1708	10)4650	10)528
11)4125	11)5616	11)540	11)1088	11)2898	11)3534	11)1175	11)3268	11)1568	11)949
12)4784	12)6960	12)1786	12)1122	12)3999	12)3496	12)1232	12)4080	12)7020	12)420
13)2583	13)1092	13)828	13)432	13)1989	13)6460	13)580	13)3053	13)8918	13)896
14)3149	14)6150	14)814	14)7252	14)4340	14)3942	14)624	14)2754	14)1290	14)2550
15)690	15)3744	15)2240	15)3560	15)2058	15)4136	15)2691	15)1333	15)5025	15)4698
16)4664	16)4100	16)1702	16)1680	16)4485	16)209	16)270	16)312	16)1624	16)3000

14	15	16	17	18	19	20	21	22
1)3528	1) 1271	1) 1200	1) 1584	1) 6300	1) 2580	1) 2376	1) 1474	1) 2275
2)1144	2) 1496	2) 3420	2) 6715	2) 923	2) 460	2) 1701	2) 3700	2) 6020
3)3567	3) 2619	3) 6622	3) 5700	3) 3007	3) 1764	3) 8526	3) 2912	3) 8004
4)6862	4) 1275	4) 4928	4) 476	4) 969	4) 2944	4) 1170	4) 884	4) 3564
5)5530	5) 440	5) 1479	5) 6164	5) 1533	5) 2720	5) 2328	5) 2964	5) 690
6)1036	6) 7221	6) 3696	6) 720	6) 3268	6) 1200	6) 1647	6) 525	6) 4275
7)896	7) 1098	7) 5673	7) 3854	7) 2728	7) 1248	7) 1280	7) 2716	7) 1157
8)2340	8) 2310	8) 4284	8) 2200	8) 2784	8) 1330	8) 897	8) 4290	8) 4644
9)792	9) 3840	9) 1710	9) 1824	9) 1075	9) 3280	9) 5832	9) 1419	9) 2262
10)494	10)3564	10)779	10)3600	10)1363	10)3816	10)1824	10)1584	10)1612
11)1610	11)3384	11)7296	11)1326	11)3388	11)7832	11)1344	11)4015	11)5110
12)468	12)1581	12)2146	12)5041	12)5244	12)1363	12)525	12)924	12)2065
13)2925	13)1292	13)1184	13)2006	13)693	13)4020	13)2886	13)1998	13)2992
14)520	14)4611	14)2418	14)988	14)2576	14)756	14)5110	14)2520	14)2774
15)3552	15)4032	15)648	15)3657	15)4248	15)897	15)8118	15)4400	15)4059
16)7425	16)1975	16)2016	16)1258	16)1330	16)649	16)4150	16)3977	16)1036

23	24	25	26	27	28	29	30	31
1) 1020	1) 18468	1) 25404	1) 7420	1) 3528	1) 33761	1) 14760	1) 42504	1) 5200
2) 6003	2) 22100	2) 29997	2) 7410	2) 38080	2) 21648	2) 25170	2) 40291	2) 43052
3) 1406	3) 23115	3) 11340	3) 40455	3) 21203	3) 55774	3) 14921	3) 49129	3) 61650
4) 735	4) 6525	4) 61824	4) 13100	4) 34020	4) 11040	4) 44312	4) 8668	4) 54528
5) 1360	5) 33720	5) 67689	5) 11400	5) 22378	5) 3717	5) 7650	5) 31824	5) 88308
6) 2528	6) 19646	6) 56730	6) 30856	6) 50625	6) 13754	6) 15990	6) 37824	6) 3058
7) 1602	7) 51205	7) 9731	7) 34719	7) 89745	7) 7314	7) 36348	7) 27675	7) 6592
8) 1452	8) 19633	8) 63802	8) 72842	8) 37014	8) 4800	8) 29043	8) 92268	8) 27744
9) 4235	9) 17680	9) 36260	9) 8322	9) 38632	9) 7906	9) 20230	9) 28980	9) 7370
10)2982	10)70756	10)71253	10)26448	10)14000	10)46984	10)8378	10)8487	10)46800
11)576	11)16430	11)83085	11)5510	11)20034	11)37224	11)16274	11)15664	11)57525
12)6497	12)69042	12)46421	12)27594	12)16881	12)40953	12)14399	12)14404	12)71484
13)1332								
14)2520								
15)8514								
16)444								

	32	33	34	35	36	37	38	39
1)	21009	57750	7134	52116	8976	54675	37583	24057
2)	68208	34680	69678	50985	25955	10380	44443	44352
3)	42336	26956	58112	5922	43335	41925	11609	30788
4)	12276	20516	46922	4031	4902	20559	25193	9525
5)	31680	55480	17775	12027	38190	71775	15708	84105
6)	27051	39216	19546	10920	8520	23092	25098	27585
7)	23080	3510	51726	72002	13962	37800	43092	56736
8)	11826	29011	35676	81091	29900	54776	3264	10290
9)	4950	20760	61404	64400	6396	30627	13390	62928
10)	8700	17892	13350	19110	5842	7452	15300	13054
11)	33418	30342	3806	58320	6552	3828	6468	17949
12)	45074	10818	55880	18306	31360	19668	44055	8400

	40	41	42	43	44	45	46
1)	81060	18564	12508	22110	403200	69030	241779
2)	14061	32300	37595	4590	37944	370955	102165
3)	24948	31049	47367	27356	853244	203112	109671
4)	27048	17836	29203	13104	254800	615570	188086
5)	22239	38313	7938	43240	77616	110856	162360
6)	42381	42624	53485	66010	246231	542126	171477
7)	79380	57407	13440	17094	141701	420158	447670
8)	34880	14595	14030	27432	340935	605772	29400
9)	17028	10332	27795	39425	317490	78110	392230
10)	51856	62775	36616	22940	558138	382872	159264
11)	5904	17920	54450	23142	561571	245300	786408
12)	16320	36531	12648	37881	206609	465960	72890

	47	48	49	50	51	52	53
1)	132079	311174	206700	432024	58996	455628	455628
2)	746928	452052	312912	307705	438480	141270	141270
3)	304150	247969	942672	454546	379100	33099	33099
4)	113128	215260	412992	720272	957420	73162	73162
5)	157914	180024	148039	162336	282159	826875	826875
6)	492795	195734	750480	106943	38590	219200	219200
7)	156492	408838	211926	29870	40000	326172	326172
8)	239616	835335	175071	732511	103448	647744	647744
9)	300456	20829	714116	20832	513150	671398	671398
10)	509820	82103	370271	370522	205095	327096	327096
11)	918897	115824	135805	363273	387595	120897	120897
12)	246776	63288	368080	285957	44492	127095	127095

55–64

#	55	56	57	58	59	60	61	62	63	64
1)	47	16	14	13	13	32R2	16R1	19R2	13R1	13R1
2)	31	23	17	12	13	27R0	31R1	18R0	15R4	14R0
3)	24	33	15	14	11	17R0	21R0	12R0	14R1	15R0
4)	25	43	18	13	12	23R0	20R1	23R1	13R1	13R4
5)	34	18	18	15	13	45R1	26R0	12R5	13R5	13R3
6)	24	24	16	12	14	28R0	23R2	17R4	15R2	16R1
7)	41	20	22	19	10	28R1	19R2	20R0	16R0	13R2
8)	23	24	12	19	13	28R1	24R1	14R5	12R5	11R3
9)	38	12	15	18	12	17R1	22R2	16R4	12R6	15R2
10)	20	20	20	17	13	29R1	19R1	18R3	16R2	11R7
11)	28	17	14	19	11	48R1	32R0	18R2	13R0	14R1
12)	29	37	15	14	13	15R0	19R0	14R1	11R2	13R0
13)	30	27	12	13	12	25R2	32R0	17R1	14R5	16R2
14)	24	18	11	11	10	20R1	48R1	18R0	15R5	13R5
15)	47	16	13	18	10	38R0	23R1	14R4	14R2	11R1
16)	45	39	14	11	11	18R1	21R2	11R5	17R0	11R6
17)	39	30	16	11	13	43R1	25R1	22R3	13R2	12R5
18)	49	14	19	17	12	36R0	35R1	12R4	12R0	15R3
19)	31	16	16	12	14	40R1	23R0	15R2	13R4	13R6
20)	21	31	17	14	15	24R0	22R0	16R2	11R5	11R4

65–73

#	65	66	67	68	69	70	71	72	73
1)	246	160	158	122	118	455R0	141R1	138R2	122R6
2)	308	147	132	104	156	133R1	190R0	129R3	117R7
3)	403	154	133	109	133	278R1	120R4	123R5	118R0
4)	423	163	112	104	142	441R0	151R0	114R4	115R7
5)	207	246	122	122	112	227R2	184R1	139R1	103R5
6)	267	141	115	101	106	117R0	121R0	144R2	104R7
7)	171	176	134	114	155	481R1	187R4	141R2	104R5
8)	139	213	135	105	164	291R0	160R1	133R5	103R7
9)	322	197	121	118	123	103R0	126R0	144R5	120R1
10)	373	162	135	100	131	494R0	228R3	118R1	107R3
11)	213	141	100	114	124	106R1	116R4	164R0	100R8
12)	327	130	130	103	162	284R1	213R0	135R3	106R0

74–81

#	74	75	76	77	78	79	80	81
1)	120R5	2771	1776	1276	1003	1584	4998R1	1825R1
2)	131R0	2561	1082	1319	1146	1068	1106R2	1428R1
3)	162R0	3320	1791	1475	1197	1082	2474R1	2355R0
4)	139R0	1202	1483	1291	1079	1508	4609R0	1950R3
5)	104R5	3800	1554	1104	1042	1874	1671R0	1655R2
6)	153R2	1323	2123	1223	1238	1606	2140R2	1414R3
7)	120R2	4883	1103	1369	1178	1156	2978R0	1262R0
8)	128R6	3137	1798	1429	1147	1299	3254R0	1873R1
9)	107R7	3175	2056	1665	1035	1306	2901R0	1825R3
10)	110R3	2965	1431	1494	1233	1355	2792R0	1528R4
11)	151R1	1978	1815	1008	1165	1938	3779R0	1685R3
12)	139R3	2474	1891	1172	1191	1205	2745R1	2353R0

82 – 89

#	82	83	84	85	86	87	88	89
1)	1316R1	1221R4	1110R2	23	19	12	12	10
2)	1249R1	1175R7	1236R3	41	24	15	11	13
3)	1388R2	1138R4	1181R4	33	20	12	12	10
4)	1415R2	1154R7	1424R5	49	28	12	11	15
5)	1140R2	1064R7	1563R0	26	23	11	12	16
6)	1650R1	1082R7	1244R2	42	21	11	11	15
7)	1432R3	1108R3	1341R2	58	14	13	11	11
8)	1427R5	1061R7	1419R3	56	13	12	10	16
9)	1579R2	1159R7	1883R0	36	13	12	11	17
10)	1416R4	1195R2	1353R5	43	13	11	12	19
11)	1340R2	1201R7	1513R3	33	18	11	10	18
12)	1209R5	1194R1	1319R2	30	15	13	11	12
13)				34	13	10	10	17
14)				53	19	12	11	10
15)				20	17	15	11	17
16)				19	12	15	12	16

90 – 96

#	90	91	92	93	94	95	96
1)	62R4	15R13	15R8	13R36	10R43	330	205
2)	55R0	23R15	13R45	11R40	10R86	642	179
3)	54R2	25R27	11R32	10R26	10R61	412	183
4)	30R15	13R2	13R46	12R2	10R64	233	318
5)	17R17	19R19	14R36	11R43	10R63	499	171
6)	26R15	14R21	17R13	11R57	10R40	277	203
7)	15R19	14R34	12R55	12R48	10R1	281	169
8)	35R12	19R10	14R59	11R62	10R53	157	179
9)	25R8	20R19	18R24	12R2	10R84	599	200
10)	37R13	14R37	12R61	10R50	10R42	307	215
11)	24R0	18R27	16R11	11R19	11R3	389	258
12)	48R10	20R29	11R60	11R0	10R35	294	269
13)	19R17	18R17	12R52	10R68	10R72		
14)	69R5	20R2	15R13	11R65	10R48		
15)	35R0	16R24	10R11	12R67	10R26		
16)	23R4	12R14	14R61	12R38	10R70		

97 – 104

#	97	98	99	100	101	102	103	104
1)	109	130	102	373R0	216R7	144R8	135R44	102R94
2)	118	102	106	143R7	164R13	125R25	131R38	108R15
3)	155	136	102	267R3	221R2	138R35	134R19	109R74
4)	148	107	109	144R18	278R8	147R8	115R65	105R45
5)	132	112	103	280R18	263R26	114R47	128R4	102R67
6)	155	111	104	256R13	220R5	122R35	115R54	107R60
7)	150	110	103	358R16	198R13	194R31	130R4	109R47
8)	110	116	103	538R11	156R4	155R4	103R86	102R92
9)	127	127	101	446R2	181R23	166R9	127R35	108R61
10)	146	124	104	151R20	172R2	120R0	129R67	101R40
11)	166	105	103	180R3	301R25	152R2	117R22	109R67
12)	150	122	105	530R12	242R14	130R56	130R64	109R13

For Questions and Customer service or Proposition email us at:
WAMpublishing@gmail.com

FOR A LITTLE INSPIRATION

follow along at:

@WolfAlphaMath

Made in the USA
Columbia, SC
13 June 2024

37098853R00061